给孩子讲
元素的故事

[苏]依·尼查叶夫◎著　　宫清清◎译

科学技术文献出版社

SCIENTIFIC AND TECHNICAL DOCUMENTATION PRESS

·北京·

只 为 优 质 阅 读

好
读
———
Goodreads

序言

这本写化学科学史的书是一本科学前沿著作。当时我无法理解，这些故事是如何写出来并形成一本书的。原来故事的写作是循序渐进的，因为书的作者依·尼查叶夫①压根儿没打算写完这本书，他是利用零敲碎打的时间写的。

他头发乌黑，我依稀记得他埋头写作的情景和埋头编撰《知识就是力量》杂志的情形。《儿童科普》杂志的改革需要大量的新生力量，而依·尼查叶夫是这项改革的发起者和积极参与者。

当依·尼查叶夫涉足儿童文学时，已经积累了丰富的写作经验。他直接参与过《为了工业化》和《技术》两种报纸《为新技术而战》这一专栏的编撰工作。他是一位敏锐而又严谨的编辑、一位出色的辩论家、干练而又个性十足的"通讯员"。

---

① 他在大型的文学演讲中选择了笔名"依·尼查叶夫"，因为这个名字与20世纪初一位杰出的文学启蒙者的名字呼应。——原注

他积极宣传新技术思想，并与墨守成规、阻碍工业技术创新的保守分子做斗争。在扩大科学影响力的斗争中，这两种报刊将依·尼查叶夫锻炼培养成了一位有战斗精神的、有党派意识的文艺工作者。他坚持不懈地为使科学更接近生活、作为现在和将来技术进步的主要推动力而奋斗，与其他顽固守旧、无视科学的实干家做斗争。

革新后的《知识就是力量》杂志应当扩大青少年儿童的科学视野。

依·尼查叶夫那份献身于杂志的激情，不是表现在热情洋溢的讲话中，而是表现在疯狂的工作热情上。他的新闻工作经历，作为编辑的严格笔触，即毫不留情地删去老生常谈的文章段落，以及所有模棱两可、缺乏事实依据的格言警句的能力，是当时聚集在杂志周围的年轻科学家们梦寐以求的能力。

正是一所好的报刊学校培养了他的这种才华。

《元素的故事》已经部分地发表在了杂志上，这是一种全新的科普性文学，直接响应了高尔基的号召，即展现了科学不是作为现成发现的仓库，而是作为一个人认识自然界，改造自然的工作坊。

这些故事都是以科学为基础的，就像坚不可摧的花岗岩般真实可靠，是具有敏锐生活观察力特征和完美故事情节的真实科学逸事。

《元素的故事》一书在科学和文学两个阵营中都得到了广泛认可，它将科学和文学融合在一起。一种之前在文学中并未出现过的新的文学诞生了，它是关于科学及其创造者的故事。依·尼查叶夫并不是唯一一个这样进行创作的人，他属于为这类文学创作铺设"轨道"的第一批人。

　　这本书很快引起了谢苗诺夫院士的注意，他准确地指出了此书的创新之处："这不仅代表着作者依·尼查叶夫个人的成就，而且是朝着普及科学知识的正确方向前进的新步伐，这一独一无二的步伐在我们的文学中刚刚起步，并逐渐站稳脚跟。"

　　一位学者在《文学报》中写道："《元素的故事》是一本关于人类思想在实验室中进行真实冒险的故事书。合上书后，年轻的读者们开始明白，原来发现地球的成分构成并不比发现新的大陆、海洋和岛屿容易。"

　　这本科普小书以研究人员的劳动工具——天平作为开端，成功地为儿童介绍了测量仪器。在此之后，分光镜和其他仪器在阅读过程中也接踵出现，这些设备在化学实验中被相继展示出来。

　　尼查叶夫不仅介绍了根据什么样的理论来制造仪器，而且还讲述了它们是如何被制造出来的，以及研究人员如何在实验中与这些仪器打交道的。为了避免进行纯粹的外观描述，尼查叶夫找到了这些仪器，与它们进行一对一的"搏斗"，面对这样的挑战，许多作家都会望而却步。

如果故事讲到理论创新，譬如，门捷列夫出色的预言——凭借天才的创造性思维来创建元素周期表，尼查叶夫力求重现门捷列夫当时自然的推导过程，或者重现实验过程，具体的实验进程，并展示真实的元素搜索路径。

需要强调的一点是，这本书并没有通过介绍科学家的成就来吸引我们的眼球，而是将我们的注意力直接引向科学家们的实验室，邀请我们与科学家们一起经历实验失败后的痛苦，以及获得名副其实的成功时的幸福，体验真正而又浪漫的劳动激情，谢苗诺夫院士说："在这本书中没有发现离题的抒情性插叙。许多人认为是趣味性将读者们吸引到了知识的天堂，然而这种观点是不准确的！问题在于，科学根本不像老生常谈的那样苦涩，所以这本书也并没有言过其实地夸大科学家们在研究过程中体验的愉悦之情。人们通常凭借教科书上的知识来评判一个阅读对象，然而遗憾的是，教科书本身的编写方式很无聊，比阅读对象本身还无聊。"

著名的儿童作家伊林，也就是《在你周围的事物》和《人如何成为巨人》的作者，与一些坚持在《元素的故事》中寻找生动词句的学者进行了辩论。

伊林写道："谈论元素，作者原本可以像教科书中写的一样，来定义它们的属性和特征。譬如，他可以说：'氩是一种惰性气体，不会与其他物质化合。'然而本书作者并不是按照教科书或科学讲座的程式写作的，而是根据艺术类作品的创作风格来创作这本有关科学的书，譬如，他将氩气拟人化了：它是一种'隐士'元素，一种'孤独'元素，它是'安分守己'的气体。"

在文学作品中，一般不是人物的行为决定人物的性格特征，而是人物的行为决定故事情节。这位年轻作者就采用这样的手法来描述一种元素捕捉起来如何困难，例如，"这种元素悄无声息地与氮混合在一起，而且安静得就好像根本不存在一样"，而不是陈述枯燥的演讲材料和教科书中的材料。

谢苗诺夫院士称赞书籍的写作基调含蓄内敛，而伊林先生持不同的观点，他觉得这位年轻的作家在处理文学素材时十分大胆，颇具创新的风格。

到底谁是对的呢？似乎两者都是正确的。苏联儿童科普文学的发展史表明，这本书将深厚的科学性、高水平的文学技巧和自由的表达方式结合起来，获得了巨大的成功，只可惜依·尼查叶夫已经离我们而去了。

他那鲜亮而独特的文学天赋刚刚在《元素的故事》中崭露头角，但这样的天赋命中注定得不到施展。关于这本书的争议发生在严酷的1941年，也就是战争开始的前些天。依·尼查叶夫隐瞒了自己患有某种神经衰弱的疾病，加入了民兵队伍。一般患有这种疾病的人，是无法应征入伍的，然而在保卫莫斯科的战斗中，他英勇地牺牲了。

在阅读这本书时，总会闪现出对这位纯洁、善良和才华横溢的作者的美好回忆。这本书赢得了许多读者的喜爱，这种态势将一直持续下去。

斯大林奖获得者

奥列格·皮萨列夫斯基

自序

　　我们脚下的地球，头顶上的太阳、房屋、汽车、植物，以及我们自己的身体是由什么组成的呢？

　　环顾四周，你们可以轻松数出数十种，甚至数百种彼此各不相同的物质。看一看你们面前翻开的这本书：它是由纸、硬纸板、装订布、印刷油墨、淀粉糨糊制成的。放着书的桌子是由木头制成的，木头上面涂有油漆，并用胶粘在一起。在房间的一角，你们会看到由生铁铸成的暖气片，刷在墙上用来覆盖水泥和砖头的白粉。在自己的房间里，你们会发现窗户和台灯上不同的玻璃、电线里的铜丝和橡胶外皮、灯座上的瓷、墨水、钢笔尖、各种颜色的颜料和其他许多东西。当您走在街上时，各种新物质会映入眼帘。在工厂车间里也会发现新材料。在森林里、山顶上、海底深处——随处可见一些新物质，而且世界日新月异。各种各样的活着的与死去的物质，不是数以千计，而是数以万计。单就宝石这一项来说，地球上就有数百种，铁矿石和木材的种类数以千计，天然和人造颜料的种类数以万计。

这数不胜数的物质的性质是如此多样化呀！一种物质坚硬的程度让人难以想象，另一种物质则脆弱到孩子稚嫩小手的一压可能就碎；一种物质香甜可口，另一种物质则辣到火烧舌头；有些物质是透明的，有些物质是有光泽的，有些是磨砂的，有些是泥灰色的，有些是雪白的；有些物质不会冻结，并在–250℃的低温下仍保持液态；有些物质在耀眼的电弧火焰中，也不会熔化并保持原来的固体状态；有一种物质，无论是进行加热、冷却，还是受潮，还是与热酸结合，它都不会发生反应，而又有一种物质，只要用手掌轻轻一触摸就足够发生化学反应，手心发热就会使它炸成碎片，带着火星和爆裂声四处飞散。

自然界中的一切都处于永恒的运动中。在每一寸土地上，物质都在进行千变万化。一些物质消失了，取而代之的是另一些物质。表面上看来，不计其数的物质似乎是在混乱、无序中发生无穷尽的变化，然而事实并非如此。人们很早就已经猜到自然界那形形色色的外表内部蕴含着某种统一的规律。事实已经证明，所有物体都包含一些相同的且简单的成分，这种成分被称为"元素"。

元素的数量不是很多，但是它们能够以不计其数的排列组合方式结合起来。这就是地球上的物质丰富多样的原因。在声音的世界中也可以观察到类似的情形：我们的母语 ——俄语的单词是由33个字母组成的，将相同的音调进行组合，就会创作出数千种旋律，譬如，颂歌和送葬曲，简单的儿歌和复杂的交响乐。

　　元素并不是一下子被发现的。许多元素自古以来就为人们所熟知，但过去了好几个世纪，人们才认识到它们实际上是元素，而不是化合物。相反，有一些化合物长期以来被误认为元素，因为化学家们不知道它们可以被分解，还有一些元素人们很少遇到，或隐藏在人眼很难发现的地方，人们付出了很大努力才找到它们。

　　在寻找元素这项科学事业上，科学家们花费了数百年的时间，付出了很多心血，充分展现了他们在发明、发现过程中的聪明才智。本书通过故事体的叙述形式，把最重要的元素发现的历史事迹告诉大家。

目 录
Contents

目录
Contents

第一章

火焰空气

学徒药剂师——卡尔·舍勒

在18世纪下半叶，瑞典有一位名叫卡尔·舍勒的青年药剂师，他工作起来夜以继日，孜孜不倦。舍勒起初只是学徒，后来做过助理实验员，他常以非凡的工作热情打动老板们。配置药丸、药水和膏药是舍勒的职责所在，但是他完成的工作质量远远超出了老板们的预期。舍勒每天完成配药的任务后，常常找个没人的角落席地而坐或坐在窗台上从事捣碎、蒸发和蒸馏等各种化学药物的实验。他夜以继日地待在实验室里，细致入微地研读古老的化学书籍，而这些书籍连经验丰富的药剂师都说艰深难懂。如果不是因为他的实验时不时以意外爆炸收尾，那么老板们更是对这位助理实验员喜爱有加了。舍勒的手上留有被碱和酸性物质腐蚀灼伤的斑斑黑迹。他喜欢呼吸实验室里刺鼻的气味，甚至连硫黄燃烧所生成的呛鼻烟雾或硝酸挥发出的令人窒息的气体，他都不觉得闻之欲呕，反而觉得沁人心脾。

有一次，舍勒发现一种带有苦杏仁味道的化合物。他先闻了闻这种化合物的蒸气，以便辨明它的真实气味，然后又尝了尝，试图辨别它的味道，觉得嘴里热辣辣的。如今像这样的实验，凡是珍视生命的人，都不会以身犯险来重做，因为那种苦杏仁味道的化合物，现在叫作氢氰酸，是赫赫有名的毒药之王。幸好，舍勒吞掉的量微乎其微。然而他当时并不晓得这种物质的毒性如何，但即使猜到了，说不定也会按捺不住尝一尝的。对他来说，世间最大的快乐莫过于发现世人未曾发现的新物质或揭晓已知物质的未知特性。

有一次，舍勒在写给朋友的信中说："当一个研究人员发现他心仪的东西时，是多么幸福啊！"舍勒曾拥有过很多次这样如获至宝的幸福。可想而知，这是他孜孜不倦工作的回报。舍勒没有上过中学和大学，也没有求人帮助过。他自己学习，刻苦钻研，用药罐、玻璃曲颈瓶和牛尿脬制作了简单的实验仪器。

舍勒十四岁时，被送到了药剂师鲍赫那儿当学徒。自此十九年后，当被瑞典科学院授予院士的荣誉称号时，他仍然是一家外省药房的助理实验员。他依旧如青春少年时期那样把微薄薪水中的大部分都花在书籍和化学试剂上。

舍勒天生就是一位化学家。而且，他就像一位真正的化学家一样，一心想追本溯源，也就是想弄清楚什么是由什么构成的。

舍勒想知道我们周围的物质是由哪些最简单的成分或元素组成的。基于多年的经验，他确信，如果不了解火的真正特性，那么就无法弄清上述问题，毕竟在没有火和加热的情况下，能进行的化学实验寥寥无几。

当舍勒开始研究火的性质时，很快又必须对空气在燃烧过程中所扮演的角色深思熟虑。对于与此相关的问题，他在阅读古代化学家的著作时就略知一二了。

在舍勒研究火之前的一百年前，英国人波义耳和其他科学家证明蜡烛、煤和其他可燃物体只有在空气充足的情况下才能燃烧。举例来说，如果用玻璃罩盖住燃烧着的蜡烛，它燃烧片刻后便熄灭了；如果完全抽空玻璃罩下的空气，蜡烛会瞬间熄灭。相反，如果模仿铁匠借助风箱往火里输送大量空气，火就会越烧越旺越亮。

但是，当时没有人能解释清楚为什么一切都以这种方式发生，为什么空气在可燃物体燃烧时发挥了必不可少的作用。为了弄清这些问题，舍勒开始在密闭容器里对各种化学物质进行实验。他想："密闭容器中仅包含少量的空气，没有任何气体可以从外面钻进去。如果在燃烧和其他化学反应过程中空气发生了转化，那么在密闭容器里将会更容易被检测出来。"

当时，空气被认为是一种元素或一种均质物质，人们无法将其分解成更为简单的成分。起初，舍勒也持有类似的看法，但是他很快就弃旧图新了。

火为什么会熄灭

一天晚上，舍勒坐在乌普萨拉市一家药房的实验室里准备例行的实验。药房里死一般寂静。在最后一名顾客离店后，店门就关上了，药店的老板也早已睡下了，只剩舍勒一个人不睡觉，他精力充沛地摆弄自己的那些烧瓶和曲颈瓶。他从橱柜里拿出一只装满水的大罐子，罐子底部躺着一块看起来像蜡的黄色物体。在昏暗中，水和蜡状物闪烁着神秘的淡绿色的光。这块蜡状物就是磷，化学家们一直将这种物质贮存在水中，因为在空气中，它会迅速发生变化，丧失平时的特性。

舍勒没有从水中捞出磷，而是将一把刀放入罐子，从上面切下一小块。然后，取出切下的那一块，将其扔进一个空烧瓶，将瓶子用瓶塞塞住，然后拿到燃烧的蜡烛前面。

当火焰边缘刚接触到烧瓶时，磷便立即熔化了，并沿着平底漫延扩散成一摊液体。又过了一秒钟，磷突然冒出明亮的火焰，烧瓶里立即浸满了浓雾，很快，雾又像白霜一样吸附在瓶壁上。

一切都是在瞬间完成的，磷立即燃烧掉并变成了干燥的磷酸①。

这是一次给人以深刻印象的实验，但是舍勒似乎对此完全不感兴趣。因为这已经不是他第一次点燃磷，观察它如何变成酸了，而现在，与其说他对磷感兴趣，不如说是对另一种截然不同的物质感兴趣：他想知道，在磷燃烧的过程中，烧瓶中的空气发生了什么变化。烧瓶刚一冷却，舍勒就立刻将瓶口朝下浸入一盆水中，然后拔掉瓶塞。这时，发生了一件奇怪的事情：盆里的水自下而上涌入瓶中，并占据了烧瓶体积的五分之一。

"又是这样！"舍勒低语说，"又是同样的把戏。五分之一的空气凭空消失了，取而代之的是涌入瓶中的水……真是怪事！"

无论舍勒尝试在密闭容器中燃烧什么物质，他总是会发现同样有趣的现象：容器内的空气在燃烧过程中一定会减少五分之一，而现在也出现了同样的现象：磷烧尽了，磷酸全部留在烧瓶中，而空气消失了一部分。那么空气是怎么从烧瓶中溜走的呢？难道软木塞没有把瓶颈塞紧吗？

当磷燃烧殆尽，烧瓶正在慢慢冷却时，舍勒及时准备了一个新实验。这回他决定在密闭的容器中燃烧另一种可燃物质——一

①现在我们称这种物质为磷酸酐，它的水溶液是磷酸，但在舍勒那个时代，这两种物质均被称为酸。——原注

种金属溶于酸时产生的气体。

这种可燃气体在几分钟内就准备就绪了。舍勒将铁屑倒入一个小烧瓶中，用硫酸溶液将其稀释，然后用事先插入了一根长玻璃管的软木塞塞住烧瓶口……接着铁屑开始嗞嗞地响起来，酸也沸腾起来，冒出银色的气泡。当舍勒将蜡烛放在试管的顶部附近时，从管子里出来的气体开始燃烧起来，形成一个苍白、暗淡的尖细火舌[1]。

然后，舍勒将瓶子放入装满水的高玻璃杯中，又将一个空玻璃瓶底朝天罩在火焰上。烧瓶的颈部浸在水中，因此外界空气无法进入其中，就在这个密闭的空间里燃烧着那种气体的苍白火焰。刚将烧瓶倒扣着罩在火焰上，水便立即从下往上涌入其中。气体在上面燃烧，水从下面往上升。水升得越高，气体燃烧得就越弱。最后，火焰完全熄灭了。舍勒发现，此时水基本上又充满了烧瓶体积的五分之一。

"好吧！"他想，"让我们假设一下，出于某种未知的原因，空气在燃烧的过程中应该会消失。但是，为什么这时候只有一部分空气消失了，而不是全部空气呢？可是现在气体还足以用来长时间燃烧。铁屑仍在翻滚，酸还在小瓶中冒泡。如果我现在

---

[1]读者朋友，如果您想亲自进行相同的实验，请务必小心，可能会发生爆炸。在点燃气体之前，必须等待几分钟，直到它充满整个玻璃管再点。最好不要自己做这类实验，应在老师的指导下进行。——原注

移开烧瓶，并在开放的空间内点燃气体，它将再次开始燃烧。那它为什么会在烧瓶里熄灭呢，这时的烧瓶中不是还有五分之四的空气吗？"

最近几天，在舍勒头脑中不止一次出现模糊的疑问，突然又在他的脑海里闪过："这是否意味着，烧瓶中残留的空气与燃烧过程中从烧瓶里消失的空气完全不一样？"为了彻底检验自己的猜想，舍勒立即准备进行新的实验。但是，看了一眼手表，他遗憾地暂停了，因为已经后半夜了，第二天一大早，他又必须坐在这里配药了。

舍勒依依不舍地熄灭了蜡烛，离开了实验室。但是关于两种截然不同的空气的想法从未从他的脑海里消失。想着想着，他就睡着了。

"死"空气和"活"空气

　　第二天，刚刚处理完药房业务，舍勒便开始热情洋溢地检验自己的新想法。他重新察看了自研究火与燃烧以来，在实验室日志上写的所有记录，并重新做了其中一些实验，坚持不懈地研究烧瓶中一些物质燃烧后残留的空气。

　　这种空气原来是死的，毫无用处的。在这种空气中什么物质都没有燃烧的意愿。蜡烛熄灭了，好像它们被某个隐形人吹灭了一样，烧红的煤冷却了，燃烧的细木柴瞬间熄灭了，就好像被水浇灭了一样，甚至连易燃的磷也无法点燃。舍勒尝试着将几只老鼠放进一个充满这种死空气的瓶子里，结果这些老鼠立即窒息而死。这种气体透明、无色、无臭、无味，看起来和普通空气一样。

　　现在，舍勒把一切都弄清楚了，原来四周环绕包围着我们的普通空气根本不像自古以来人们所想象的那样，是什么元素。空气不是单质，而是两种迥然不同的成分的混合物。两种成分中，一种成分助燃，但在燃烧过程中销声匿迹，另一种成分在空气中占大部分，对火无动于衷，在可燃物质燃烧时纹丝不动，并完好无损地保存下来。如果空气仅由这一种成分组成，那么在我们的世界中就不会出现任何火花了！当然，与其说舍勒对空气的这一"没有生命"的部分更感兴趣，不如说对在燃烧过程中不知去向的活跃部分更感兴趣。他想："能不能设法得到与'无用空气'分离开的纯净'活'空气？"原来是可以的。

舍勒回忆起自己不止一次无意中观察到，当烟灰的粉末飞过研制火药的硝石坩埚时，会突然燃烧。他很纳闷，为什么这些烟灰粉末在飞过沸腾的硝石时这么容易燃烧？是因为那部分助燃的空气恰好从硝石中冒出来吗？舍勒暂时搁置了其他实验，开始研究硝石。他熔化了硝石，然后将硝石和浓硫酸在火上蒸馏了一下，接着在没有加入浓硫酸的情况下，单独将硝石和硫一起捣碎，又和煤炭一起捣碎。药房的老板斜着眼，忧心忡忡地看着舍勒忙个不停，暗自思忖："舍勒有一天会不会和整个药房一起飞向空中？毕竟，从硝石到火药已经不远了！"但是发生了截然不同的事情。

有一次，当药房老板向一位挑剔的顾客夸赞芥子膏如何物美价廉时，舍勒从实验室冲进了药房，摇晃着手里的空罐子，喊道："火焰空气！火焰空气！"药房老板叫道："天哪，发生了什么事？"他知道舍勒平时性格沉稳，如果这位实验员突然变得如此兴奋，一定是发生了什么可怕的事情。"火焰空气！"舍勒拍打着空罐子又重复了一遍，"走吧，给你们展示一下真正的奇迹。"

　　他将大吃一惊的药房老板和顾客一起拉到实验室，舍勒用铲子从火盆里铲了几块半熄灭的煤，然后打开手中的瓶子，将煤炭放到里面。那几块煤炭开始剧烈地迸发出白色火焰。舍勒自豪地解释道："火焰空气。"

　　药房老板和顾客互相目瞪口呆地看着对方。舍勒拿出一根细木柴，将它点燃，又立即吹灭了，然后将其放入另一只装有"火焰空气"的瓶子中，几乎完全熄灭了的火再次闪耀地燃烧起来。

　　"这是什么魔法？"可怜巴巴的顾客几乎不相信自己的眼睛，含混不清地嘟囔道，"瓶子里什么都没有！"舍勒试着解释说："里面是一种叫作火焰空气的气体，我是通过蒸馏硝石得到的，在周围的普通空气里这种气体仅占五分之一。"顾客眨了眨眼，什么都没看明白。但是，药房老板郑重其事地说："抱歉，卡尔，你好像完全在胡说八道。谁会相信空气里除了空气本身之外，还有其他的成分呢？难道我们不知道空气到处都是一样的吗？当然，你用细木柴做的实验非常有趣，还能再演示一次吗？"

　　舍勒轻而易举地让隐隐燃着一点火的细木柴再次明亮地燃烧

起来，但他无法让老板相信他的解释。人们习惯于将空气视为一种单质物质，因此很难让他们放弃相信这个观点。

说实话，连舍勒自己也感到奇怪，空气会由截然不同的两种气体组成——"无用空气"和"火焰空气"。与此同时，又没有必要对此表示怀疑。当舍勒用自己的双手将一部分"硝石"和四部分"无用空气"人工合成普通空气后，又怎么会对此有所怀疑呢？在这种化合物中，蜡烛燃烧得非常暗淡，老鼠平静地呼吸，就像是在四面八方包围着我们的空气中一样。

舍勒很快就学会了通过加热硝石来获得纯净的"火焰空气"的方法。他将干硝石倒入玻璃曲颈瓶中，然后将曲颈瓶放到炉子上加热，等硝石开始熔化时，他将一个挤瘪了的空牛尿脬拴在曲颈瓶的颈部。接着牛尿脬开始膨胀起来，里面充满了从曲颈瓶里导入的"火焰空气"，然后舍勒技术娴熟地将火焰空气从牛尿脬中导到玻璃罐、玻璃杯和烧瓶等其他容器里。

舍勒还发现了获取纯净"火焰空气"的其他方法，譬如，从水银的红色氧化物中获得，不过加热硝石的方法是所有方法中成本最低的，因此舍勒主要使用硝石制备用于实验的"火焰空气"。

他对这个新发现完全着了迷。这时，对舍勒来说没有比观看各种物质在纯净的"火焰空气"中燃烧更快乐的了。各种物质在里面迅速燃烧，发出耀眼的光芒，比在普通空气中燃烧时要明亮得多。在燃烧过程中，"火焰空气"会在容器中消失殆尽。

当舍勒试图在装有"火焰空气"的密闭烧瓶中燃烧磷时，这一情形表现得尤为明显。突然冒出的火焰如此耀眼，以至于刺得眼睛痛。然后，当烧瓶冷却下来时，他打算将其放到水中，但当触摸到烧瓶时，出现了震耳欲聋的破裂声，烧瓶在他的手中裂成碎片，四处乱飞。幸运的是，他没有受伤，而且镇定自若，并立刻猜到了爆炸的原因。在燃烧过程中所有的"火焰空气"都离开了烧瓶，在瓶中形成了一个完整的真空空间，因此烧瓶被外部空气的压力压碎了，就像钳子夹碎了空核桃壳一样。

舍勒第二次做含磷的实验时，更加谨慎了。他使用了结实的厚壁烧瓶，可以完全承受足够大的大气压力。当磷燃烧殆尽，待烧瓶冷却后，舍勒把瓶口浸入水中，想看看里面还剩多少"火焰空气"，但是他无法拔出软木塞。显然，烧瓶里形成了真空，所以空气通过强大的压力将软木塞压入了烧瓶口，就像有人用铁钳夹着它一样。在这种情况下，舍勒决定将软木塞摁到瓶子内部，他一下子就弄进去了。刚把塞子推进去，玻璃缸中的水就立刻从下往上涌入烧瓶，并且充满了瓶子。他终于确信，在燃烧过程中"火焰空气"消失殆尽了。

舍勒还尝试过从牛尿脬中直接吸入纯净的"火焰空气"，然而他没有什么特别的发现，似乎和平时呼吸没有什么两样。从实际说，"火焰空气"当然要比普通空气更容易呼吸。现在，这种气体被用于对重病和垂死患者的治疗是不无理由的，不过现在它不是被称为"火焰空气"，而是叫作氧气。

捉摸不定的燃素

舍勒想揭开火的谜团，却无意间发现空气不是一种元素，而是两种气体的混合物，他称这两种成分为"火焰空气"和"无用空气"。这是舍勒最伟大的一项发现。

但是他实现了自己的主要目标吗？他是否发现了火的真正性质？了解了什么是燃烧，以及在燃烧过程中会发生什么吗？他觉得，自己知晓了一切，但实际上，火的秘密对他来说仍然是个谜。燃素学说是一切的罪魁祸首。当时，在化学家中广为流传着一种学说，这种学说认为，任何一种物质只有在含有大量特殊的可燃物质——燃素时才能燃烧。

没有人能解释清楚，什么是燃素。一些人觉得它是类似于气体的一种物质，另一些人则说，燃素既看不见，也不能单独获得，因为它不能独立存在，而总是与其他物质结合在一起。

一些科学家一度断定，他们设法分离出了纯燃素，可是后来他们自己也对此表示怀疑，声称："也许，我们认定的燃素，根本不是燃素。"他们不知道，它是否像其他物质一样有重量。燃素似乎难以捉摸，像没有肉体的幽灵，但是在那个时代，所有化学家都坚定地相信燃素是存在的。

这种奇怪的信念从何而来呢？所有人在观察火时，映入眼帘的是，被燃烧的物质破裂后并消失了。好像有什么东西从燃烧的物体中冒出来，同火焰一起溜走了，而留下了灰渣、灰烬、铁渣或酸①。

燃烧似乎会从物质中驱赶出某种幽灵似的、捉摸不定的东西——"火的灵魂"，从而使物质毁灭。因此，人们确定燃烧就是将复杂的可燃物质分解成特殊的火的元素——燃素和其他成分。

那时化学家们都在四处寻找神秘燃素的踪迹。如果煤燃烧完了，化学家会说："煤中所有的燃素都散发到空气中了，只剩下了一些灰烬。"当磷冒着明亮的火焰燃烧，变成干燥的磷酸时，他们也用同样的方式解释："磷分解成了两种组成部分——燃素和磷酸。"

即使是炽热或潮湿的金属生锈了，化学家们也说是燃素在捣乱："燃素溜掉了，所以发亮的金属消失了，留下了铁锈或铁渣。"

---

① 现在我们称这种燃烧后的产物为酸酐。

17世纪的科学家利用燃素学说解释了许多看上去难以理解的自然现象和工业技术。在很长一段时间，这种学说对化学家的研究有所帮助，因此他们对这种学说深信不疑。

卡尔·舍勒也是这一学说的支持者，在众多实验中，他首先试图弄清楚燃素发生了什么变化。当舍勒发现"火焰空气"时，他立即断定："显然，这种空气对燃素具有很强的倾向性。它准备从任何一种可燃物质中夺取燃素。因此，一切都如此迅速而又容易地在火焰空气中燃烧。"舍勒说："'无用空气'不喜欢与燃素结合。"

因此，在这种气体中任何火焰都会熄灭。这似乎是合理的，但还剩下一个大谜团完全无法解释。你们是否记得，当"火焰空气"在燃烧过程中从密闭的容器中消失时，舍勒感到非常惊讶。不过无论有没有与燃素结合，"火焰空气"总是会消失在某个地方。那它究竟去哪儿了呢？它是怎么从四周密闭的容器中溜走的？

舍勒在这个谜团上面绞尽脑汁，终于想到了一种解释。他说："当物体燃烧时释放出的燃素与'火焰空气'结合在一起，这种看不见的化合物极易挥发，甚至可以神不知鬼不觉地渗入玻璃中，就像水通过筛子一样，它也可以自由地穿过石墙和锁着的门……"你看！过度相信燃素存在，导致舍勒产生如此奇怪的想法！

在此期间，如果舍勒仔细搜索烧瓶内的"火焰空气"，他也许会在那里找到它的踪影。但是首先，他必须放弃燃素学说，尽管舍勒才华横溢，但他始终无法做到这一点。

　　18世纪的另一位伟大的化学家，法国人安托万·拉瓦锡彻底推翻了燃素学说。从那以后，"火焰空气"的神秘消失和许多其他不可理解的现象也立即失去了神秘性。

安托万·拉瓦锡和他的盟友

　　拉瓦锡并不是最早使用出色的助手——天平的化学家，我们在这篇故事里会讲述到。比拉瓦锡早十五年，我们的天才同胞米哈伊尔·瓦西里耶维奇·罗蒙诺索夫已经比较了装有金属的密闭曲颈瓶加热前后的重量，1756年罗蒙诺索夫记录道："在牢固密封的容器中做实验，是为了研究金属重量的增加是否源自加热。"并在这句话后附加了实验结果："通过这些实验，我们发现……在没有外部空气通过的情况下，燃烧的金属重量只占一小部分。"

　　因此，罗蒙诺索夫使当时的化学家们都认同的燃素学说遭到了强烈的冲击。但是，除此之外，罗蒙诺索夫还从他的实验中得出了另一个引人注目的结论："本质上发生的所有变化都处于这样的状态：从一种物质中损失多少能量，在另一种物质中就会增加多少能量，所以，如果在一个地方损失了一定质量的物质，那么在另一个地方将会增加相同的质量。"这位伟大的科学家的话表达了化学中最重要的一项定律——物质守恒定律。

"火焰空气"是由三名科学家几乎同时发现的。舍勒是最早发现的。一两年后，对舍勒的工作一无所知的英国人约瑟夫·普里斯特利[①]也发现了"火焰空气"。

几个月后，拉瓦锡从普里斯特利那里得到一些关于一种气体的模糊暗示，在这种气体中蜡烛燃烧得很旺。此后，拉瓦锡独立地发现了空气的复杂成分，但是在这三人中，只有拉瓦锡一个人正确地估计了"火焰空气"在自然界中的真正作用。

拉瓦锡有一个出色的盟友——天平，为他的工作提供了大力帮助。舍勒和普里斯特利也有这样的助手，但他们并不总是使用它，也十分不重视它的建议。

在着手进行某种试验之前，拉瓦锡总要仔细地称量所有即将进行化学转化的物质，实验结束后，他会再一次称重。在称重时，他设想："这种物质重量减少了，另一种物质的重量则增加了。这意味着某些东西从第一种物质中分离出来后，与第二种物质化合了。"天平向拉瓦锡解释了燃烧的真实性质，也向他揭示了在燃烧过程中"火焰空气"的去向（拉瓦锡称其为"活空气"）。天平向他揭示了哪些物质是复杂的，哪些是简单的。借

[①] 约瑟夫·普里斯特利（Joseph Priestley，1733—1804），英国化学家、牧师、教育家。他最主要的贡献是发现了许多气体：氧气、二氧化碳、氨、氯化氢等，对氧气进行了特别研究。

助天平，拉瓦锡了解了其他更多的知识。

像舍勒一样，拉瓦锡也尝试在密闭的烧瓶中燃烧磷，不过拉瓦锡并没有对在燃烧过程中五分之一的空气不翼而飞而产生困惑，在谜团中找不到方向，因为天平告诉了他十分准确的答案。

在将一小块磷放入烧瓶中燃烧之前，拉瓦锡称了一下它的重量。当磷燃烧完后，拉瓦锡将残留在烧瓶中的所有干磷酸也称了一下重。你们觉得什么会更重：是磷呢，还是它燃烧之后的产物？

舍勒和当时的所有化学家看到天平就会异口同声地说："磷酸应该少于燃烧之前的磷。要知道燃烧后，磷分解了，燃素丢失了。在极其特殊的情况下，甚至我们假设燃素根本没有重量，那么磷酸的重量也应与从中获得的磷的重量完全一样。"但是事实并非如此。

天平显示，燃烧后沉淀在烧瓶壁上的白霜比燃烧的磷重。结果令人难以置信：磷失去了燃素，但变得更重了。这就等同于说从陶罐里倒出水后，陶罐会变得更重。如果有人相信这种说法，那得多么荒谬啊！

"那么，磷酸中多余的重量从哪里来的？""从空气中！"拉瓦锡回答，"从烧瓶中消失的那部分空气实际上并没有溜走，它只是在燃烧过程中与磷化合了。两种物质化合的产物就是磷酸①。"

因此，这就很容易解释"火焰空气"为什么会神秘地消失了！

一个谜题揭开了另一个谜题！拉瓦锡知道，磷的燃烧也不例外。他的实验表明，只要有任何物质被燃烧或金属生锈，都会发生同样的变化。

他进行过这样的实验。在容器里放了一块锡，将容器封得严严实实，防止任何东西从外面渗入。然后他拿起一面大号放大镜，使炽热的阳光通过放大镜直接照射到锡块上。由于受热，锡开始熔化，然后开始生锈，变成灰色的松散的锡末。拉瓦锡预先称了锡和容器中的空气的重量。当一切结束时，他称了剩余的空气和锡末的重量。结果怎样？锡末增加的重量刚好等于失去的空气的重量。

除了太阳的光线，没有什么东西可以进入锡末熔化的容器里。而且除了空气和锡，里面也没有其他的东西。现在，锡变成了锡末，变得更重了。那在这之后可以肯定，锡末是锡与空气中"火焰空气"或者"活空气"的化合物吗？

拉瓦锡还在装有"活空气"的密闭容器中燃烧了最纯净的木炭。当炭燃烧殆尽时，似乎在曲颈瓶中什么也没留下，只剩下一

①我们现在称这种物质为磷酸酐。——原注

点点灰烬，然而天平显示的不一样。它显示出，烧瓶中的空气变得越来越重，与被燃烧的炭的重量一样。可见，炭在燃烧过程中没有彻底消失，而是与"活空气"一起化合成了新物质。拉瓦锡称这种沉重的气体为碳酸或二氧化碳。

当拉瓦锡描述他的实验，直言不讳地表达他的想法时，几乎所有的化学家都对他群起而攻之。"什么？"他们说道，"您断言，当物质燃烧或金属生锈时，它们没有被破坏而分解成自己的成分，而是相反，从中加入了'活空气'吗？"拉瓦锡回答说："一点也不错！这正是我的想法。"他们说："对不起，请问燃素在燃烧过程中会发生什么变化？"拉瓦锡回答道："我不知道任何燃素，我从来没见过它。我的天平从来没有告诉过我有燃素这种东西存在。"

"我将纯净的易燃物（例如磷）或纯金属（例如锡）放在密闭的容器中燃烧，容器中除了最纯净的'活空气'，什么都没有。结果，易燃物和'活空气'都由于燃烧而消失了。在容器中出现了一种新的物质，譬如，干磷酸或锡末，而不是两种物质都出现。我称了下这种新物质，结果它的重量与可燃物质和'活空气'加起来的重量相同。"

任何一个有头脑的人都能从中得出一个结论：通过燃烧，该物质与"活空气"化合成一种新物质。这和二加二等于四一样清楚明了。那这和燃素又有什么关系呢？没有燃素掺和，一切都清楚明了，如果考虑燃素，那么将会一片混乱无绪。

　　拉瓦锡这种说法在科学界引起了轩然大波。化学家们已经习惯于到处都看到燃素这种无形的幽灵，所以他们无法立即接受它不存在的说法。而且燃烧的物体不仅不会被破坏，也不会被分解，而是在燃烧过程中增加了"活空气"的想法似乎荒诞至极。每个人从小不都熟悉火的破坏力吗？

　　开始，拉瓦锡只是被嘲笑，随后他开始被中伤诋毁，大家说他的实验是不正确的，说他被天平骗了，然而事实却是无可争辩的。

　　拉瓦锡坚持不懈地提出越来越新颖的观点来反驳燃素学说，这些观点十分令人信服。他列举了所有的新事实来检验这些说法的正确性。

　　在无可辩驳的事实面前，燃素的支持者们动摇了，开始让步。许多化学家做出各种尝试来缓和新发现与燃素学说的矛盾。为此，他们接二连三地提出了错综复杂的理论，并捏造了数十种令人费解的假说。

　　但是到最后，拉瓦锡的观点占了上风。燃素学说的支持者们一一放下了武器，坦率地宣称："很难对显而易见的事实进行辩驳，拉瓦锡是正确的。"到18世纪末，燃素学说从化学科学中永久地消失了。

元素列表的更新

"火焰空气"或"活空气"的发现，以及燃素学说的瓦解使整个化学都颠倒了，人们对化学现象的观念更新了。直到现在，才有可能真正研究明白我们周围整个世界是由哪些元素组成。什么应被视为更复杂的物质——磷还是磷酸？炭还是二氧化碳？金属还是它的残渣？

在拉瓦锡之前，所有化学家都说过：磷当然比磷酸更复杂，金属当然比它的粉末更复杂。磷由两个元素组成：燃素和磷酸，锡由两个元素组成：锡和锡粉，依此类推。现在，事实已经证明，物质在燃烧和氧化（金属生锈）过程中什么也没有损失，反而还吸收了"火焰空气"，一切看上去都完全不同了。

必须承认干磷酸是一种复合体，而磷是一种元素，因为磷酸是"磷"和"火焰空气"的化合物，而且磷不能再分解成任何其他的物质。纯炭被看作一种元素，但二氧化碳却不被看作元素。

拉瓦锡宣布所有金属都为元素，而金属粉末则为复合物质。另外，新发现的"火焰空气"和"活空气"也出现在元素列表里。

拉瓦锡将"火焰空气"称为氧气，是为了表示它与某些易燃物质能化合成酸：与磷化合，形成磷酸；与炭化合，形成二氧化碳；与硫化合，形成硫酸，而"无用空气"取名为氮，是拉瓦锡从希腊语中借鉴的词汇，表示"无生命"的意思。

在这之前，水被认为是不可分解的元素。从远古开始，科学家和哲学家们总是从空气和水开始列举元素，前面我们已经讲述了发现空气多相性的经过。在发现了空气的复合成分之后，大约过了十年，人们又开始转向研究水了。

英国人卡文迪什和拉瓦锡相继证明：水根本不是元素，而是一种复合物质。让大家都惊奇的是：水，普通的水竟然是由"火焰空气"，也就是氧气，以及被拉瓦锡称为氢的另一种元素组成的。氢是金属溶于酸时释放的易燃气体，它是最轻的。在空气之后，水也被从元素列表中剔除了。

之后，拉瓦锡试图计算在世界上有多少种元素，累计超过三十种了。根据拉瓦锡的观点，世界上所有不计其数的复杂物质正是由这三十多种元素构成的。但是对列表中的某些物质，他持有明显的怀疑态度。

"我之所以将它们视为元素，是因为暂时还不知道如何分解它们，"他承认，"很多事实说明，它们实际上是复合物质。"

总有一天，化学家们会找到方法证明这一点，就像我们令人信服地证明了空气和水的成分具有复杂性一样。拉瓦锡的预言很快就准确地应验了。我们将在下一章中讲述这一切是如何发生的。

第二章

化学与电学的联盟

伏打电堆

在19世纪初，两位意大利科学家——路易吉·伽伐尼和亚历山德罗·伏打完成了一项非常重要的发现。他们发现电流可以长时间地流动——连续不断地在闭合的电路中转圈。

伽伐尼首先观察到了这种现象，接着伏打对此现象进行了正确的解释。他还设计了第一台生产电流的装置。这是18世纪最后几年的事情，从那时起，科学技术史便进入了一个新时代。

伏打的装置异常简单。他将一个锌金属绕成环放在由银或铜制成的环上，或者放在一枚普通硬币上。然后，将浸有盐水的纸板、皮革或呢绒制成的圆环叠放在金属环上。

银环再次叠放在第三个圆环上，然后再放上锌，接着放上湿皮革。这样连续重复十次、二十次、三十次，依次放上银、锌、湿皮革，最后就堆放出了一个电堆——"伏打电堆"。于是，金属和非金属环的这种简单的叠加产生了连续不停的电流。

伏打电堆也可以设计成另一种形式——将圆环从侧面横着叠

放。将任意数量的装有盐水或稀酸的玻璃罐依次排放开，在每个玻璃罐的一边都放置一块铜板，从另一边缘放入锌板，然后，将每个罐的铜板与相邻罐的锌板连接起来，最后所有罐子就组合成了一个整体。显然，这样由玻璃罐横向组成的电池比圆环叠放组成的电池要占用更多的空间，但是作用也强很多。

每个人都可以轻而易举地设计出类似的装置，来测试伽伐尼和伏打发现的新力量的作用，然后很快就可以弄清楚，借助电流可以完成许多非凡的事情。

首先，电流可以分解水。只要接通这种伽伐尼电流，水便开始迅速分解。从电路的一端释放出一种易燃气体，即我们已经熟悉的氢气，另一端冒出来的则是我们熟悉的氧气——舍勒的"火焰空气"。

另外，实验又显示，当电流通过普通的水时，在水中的一端的电极附近出现了来历不明的酸，同样地，在另一端的电极附近出现了苛性碱。因此，电流不仅能将水分解成——氧气和氢气，而且电流还能从水中提取出从未发现的物质。

不久，他们又完成了一项新发现：来自伏打电堆的电流将金属从金属盐溶液中分解。例如，如果硫酸铜的蓝色晶体溶解在水中，当有电流流过时，其中一端的电极便开始迅速地镀上一层均匀的、极纯净的红色铜层。同样，银、金和其他金属也很容易从液体中被分离出来。

由物理学家创造的伏打电堆变成了化学家手中的利器，简直出乎意料。电流不需要燃烧就能无声无息且准确地引起最惊人的化学变化。科学杂志的编辑部还没来得及刊登关于"电"更多的新实验消息，科学家们就对伏打电堆趋之若鹜，期待它能带来源源不断的奇迹，就像淘金者从四面八方涌向新发现的富砂矿一样。

在人数众多的电气化学专家的星系中，年轻的英国研究者汉弗莱·戴维很快就声名大噪了。

汉弗莱·戴维的童年和少年时光

在伽伐尼教授首次向世界宣布他的发现的那一年，汉弗莱·戴维还是一个淘气顽皮的小男孩儿。他对学校的课程没有表现出极大的兴趣。由于他不认真学习拉丁语，还经常搞恶作剧，老师们时不时就揪他的耳朵。因此，他更喜欢坐在河边拿着钓竿钓鱼，或在森林中游荡寻找野禽，而不是整天脑子里被塞满古罗马诗人。"唉，汉弗莱！"他的老师柯里顿牧师对他不屑地摆摆手，说道，"将来这也是颗不会在天空中发亮的星星。"

汉弗莱出生在彭赞斯镇，并在那里度过了自己的童年，那是一个与世隔绝，真正有熊出没的角落。彭赞斯没有道路通往英格兰的大城市，从那里去伦敦旅游比今天①从欧洲到埃塞俄比亚都更加困难，人们主要靠骑马出行。在这座城市，人们对普通马车的好奇不亚于在伦敦街头看见骆驼。

---

① 指作者所处的时代，即20世纪40年代。——译者注

广大世界的新闻只是偶尔会传到那里，但是是过时很久的"新闻"，不过这里也很少有人对外面世界的消息感兴趣。斗殴、打猎、斗鸡和喝酒构成了彭赞斯人的主要娱乐活动。在这里，能有什么可以引起孩子们对科学的兴趣呢？当然，"牧师"柯里顿和他的拉丁文是最不可能做到的。

十六岁之前，汉弗莱是一个十足的淘气鬼。在这个城市的年轻人中，他因出色的诗歌创作和射击野禽而显得出类拔萃。至于其他方面，像其他所有人一样，是一个未受过教育的轻浮青年。戴维的父亲是一个木雕匠，在他去世后，戴维的生活立即发生了变化。作为失去父亲的家庭中的长子，年轻的汉弗莱第一次体会到了责任的沉重。实际上，他也无法再为这个家庭多付出一点。当需要养家糊口时，无论是诗歌、讨厌的拉丁文，还是钓竿都用不到。于是，他去当地的波尔拉兹医生那儿做学徒。

像当时的许多其他医生一样，波尔拉兹是一位注重实践经验的医生。他没有专门学习过医学，他经年累月地在实践中掌握了治病救人的技术。他开始是仔细观察自己的老师，也就是老板怎样治病救人，在各方面给他打下手，然后开始在患者身上独立操作。

现在，汉弗莱·戴维将走与波尔拉兹相同的路。那时候人们接受医学培训，就像学习缝制靴子或锻造马掌一样，人们对此习以为常了，没人觉得奇怪。

波尔拉兹同时还是药剂师，他用自己配制的药物进行治疗。年轻的戴维在学徒初期要学会研制各种粉末、溶解盐和各种药材、蒸馏油和酸。这样，他在波尔拉兹的药房中开始接触化学了。

汉弗莱与瑞典人卡尔·舍勒有着类似的经历。他是从配制药片和药水过渡到最复杂的化学实验的，不久就对这种新事物深深着迷了。诗歌和钓鱼竿他也没有完全放弃，而是将它们当成了业余爱好。到了晚上，波尔拉兹一家有时被轰隆的爆炸声惊醒，十分惶恐地跳下床，原来是这位狂热的学徒在探索化学科学的秘密。汉弗莱现在才意识到自己实际上是一个十足的无知者，所以抱着极大的热情弥补落下的知识。

首先，他制订了一个自学计划：学习至少七种古老的和现行的语言，钻研从解剖学到哲学二十门不同的学科。当然，对于一个十六岁的男孩来说，实现这样的计划是很困难的，然而戴维表现出了惊人的才智：他一个夏天看遍了要读的所有书。像读趣闻轶事一样，他一口气轻松地读完了厚厚的书。尽管只是走马观花地浏览了书籍，但戴维的朋友们对他能如此娴熟地掌握书的内容感到非常惊讶。

一两年过去了，戴维以前的老师不得不承认，他低估了自己调皮的学生。彭赞斯和周边地区受过高等教育的居民现在都对戴维的学识和妙趣横生的实验赞不绝口。

戴维的名声很快就传到了彭赞斯境外。1798年，二十岁的戴维收到了布里斯托尔气动研究院的工作邀请，学院里的贝杜斯教授试图用氮气、氢气、氧气和其他新发现的气体治疗患者。戴维在这里进行了很多有趣的研究。他发现了"笑气"，这是一种像酒一样能让人兴奋和陶醉的气体，这一发现使他的名声迅速传遍了整个英国。

天气晴朗的一天，戴维收到了一封从伦敦寄来的邀请函，皇家科学研究院聘请他。

这个学院之所以冠以"皇家"称号，并不是因为英格兰国王是学院的院长或参与研究院的研究工作，实际上国王与研究院几乎没有任何关系，也没有给研究院赞助过一分钱。一些私人慈善家用自己的资产，加上呼吁有钱人来赞助支持研究院的研究工作，但是国王"慷慨地"允许自己被列入科研院的创始人名单中，因此该研究院被称为"皇家学院"。对于年轻的戴维来说，来自首都学院的邀请当然是件很受宠若惊的事，于是他欣然地接受了邀请。

1801年2月16日，皇家学院召开董事会会议，会议纪要中这样记载着："招募汉弗莱·戴维先生来皇家学院担任化学副教授、实验室主任和研究院期刊的副主编。允许他租住研究院的房间，为他提供烧壁炉用的煤和照明的蜡烛，并每年支付一百基尼的薪水。"

在阿尔柏玛利街的学院里

伦敦"上流社会"那些游手好闲的人突然发现了一种消磨时光的新方式：去皇家学院听化学讲座。那时英法之间爆发了战争。前往令人醉生梦死的巴黎大陆的入口被关闭了。有钱人还能去哪里找乐子呢？当时，有传闻说，一位教授出现在阿尔柏玛利街的研究院，他正在举行十分出色的演讲。那些轻佻肤浅的时尚女性和风度翩翩的绅士在休息室和俱乐部中无聊得要命，便立即购买了定期讲座的门票。

化学——直到那时，伦敦的上流社会还不知道这种"娱乐"。在阿尔柏玛利街的演讲厅中，首先映入观众眼帘的是一张摆满实验仪器的大桌子，经验丰富的人会立即发现仪器中间竖立着高高的伏打电堆，导线会从这些伏打电堆向四面八方扩散。门这时开了，一位教授出现在讲台上。女士们立即把长柄眼镜放到眼睛上，男士们则伸长了脖子看。一位二十岁的文弱青年站在他们面前。他的头不大，棕色头发，有一张活泼、富有表情的脸。

大厅里的人们窃窃私语道："他可真年轻！"

这就是汉弗莱·戴维教授，那个木雕匠的儿子，六年前他还在彭赞斯的街道上乱跑，口袋里装着钓钩和蚯蚓。现在，这个小伙子正在面向伦敦最"文雅的"公众们演讲。

戴维机智敏捷而又紧张地在装置中穿梭。他接通了伽伐尼电路，又断开了它，演示了如何由于在电池的电极附近出现酸，蓝色石蕊素突然变成红色的，以及眼前一些物质如何分解，并同时出现其他的物质。枯燥的理论经他一讲述忽然变得简单和明了了。他满腔热情、娓娓动听地讲述，给人感觉站在讲台上的似乎不是科学家，而是诗人在诵读自己的诗。

化学家戴维在谈到自己的科学和实验时，是这样激情澎湃、有说服力，只有难得一见的传教士和政治发言人才可以与他相提并论。

戴维的演讲获得了巨大的成功，演讲厅中总是人头攒动。雷鸣般的掌声伴着他离开讲台，女士们则为他送花，私下给他写热情洋溢的书信，简直就像对待著名男高音一样。有钱人竞相邀请戴维到家中做客时，他也没有拒绝，擦去了手上化学试剂的痕迹，穿上晚礼服，急忙去参加晚宴或舞会。这位杰出的实验者，聪明而赤诚的科学诗人，在宴会厅里忙得不可开交，而且白白浪费了很多宝贵的时间，但是才华和青春胜过一切，戴维想出一个办法，可以在几小时内做很多事情。

他到底在皇家学院从事什么工作呢？学院的督学们经常硬塞给他非常意想不到的任务。

第一年，他们建议戴维为制革专家们讲授鞣革化学课程。"饶了我吧！"戴维恳求道，"我从未去过什么制革厂。"督学们回答道："没关系，您可是非常精通化学。"没办法，他不得不从事起鞣革制作研究来。他非常轻易地就能对新工作着迷，在短时间内取得了巨大的成功，并且发现皮革可以用一种名为儿茶①的特殊树汁来很好地鞣制，于是便教授各位制革家在工厂中采用这种物质来作为鞣剂。

可是督学们很快又为他找到了一项新业务——确定研究院内收集的各种矿物的成分。

戴维只好又去分析矿物。之后他又被迫从事农业化学研究，接着，他参观了地主的住宅和农场，深入探究黑钙土和砂质黏土，研究粪肥，与老农们谈论农作物收成。

但是他所做的这些事情都是迫不得已的，而不是心甘情愿的。他自己另有所爱，那就是电化学，他总是试图抽出时间来研究这门科学。

早在布里斯托尔气体动力学院时，戴维就制作了伏打电堆，并做了很多实验。现在，当戴维接手管理皇家学院的实验室时，

① 由合欢属木材中提取，可用作染料，亦可用以鞣皮革或入药。——译者注

他开始接连不断地建造起巨型电池组来，这些电池组一个比一个强大，有些甚至包含上百个或更多的电极。

戴维进行了大量实验，试图了解电流引起的化学变化。当电流通过普通水时，里面的酸和碱哪里来的呢？那是他开始最感兴趣的，所以设法按部就班地弄清问题的所在。

有些人认为电流会无缘无故地产生酸和碱，这种看法是错误的。在电流的作用下，从任何地方，譬如，容器的玻璃中，金属电极所含的少量杂质中，都会不知不觉地脱离出一些额外的物质。被分解后，它们以酸和碱的形式聚集在浸入水里的电极附近，那是电流经过的地方。

戴维十分确定自己的看法。他做了一个实验，将纯净的蒸馏水倒入纯金容器中，并向该容器输入电流。他将此装置放在玻璃罩下，并用唧筒抽出所有空气。显然，这个容器里已经不可能再含有任何杂质了。他接通电流，水中便立即出现了氢和氧的气泡，并没有产生一丁点儿的酸或碱。

戴维于1806年11月20日在皇家科学会上做了贝开尔报告（英格兰的这个科学会与其他国家的科学院起的作用差不多）。这个报告之所以被称为贝开尔，是因为一位叫贝开尔的古董商和自然科学爱好者，在去世前向皇家科学会捐赠了一百英镑。

贝开尔将这笔款项存入银行做基金，将每年获得的利息发给一些在皇家学会做了重大发现报告的人，也就是做贝开尔报告的人。在今天类似的传统还在资本主义国家中十分盛行：一些爱慕虚荣的富人想通过为科学捐一点款来为自己赢得不朽的名望，不过除此之外，他们别无他法了。

在19世纪初的英格兰，做贝开尔报告被认为是一项重大的荣誉。1806年，戴维首次做了贝开尔报告，这次报告继伏打的发现以来，被认为是最大的科学事件。戴维的第一次贝开尔报告给科学家们留下了深刻的印象，即使在交战国——法国，他也被授予金质奖章和以伏打命名的奖金。

这仅仅是个开始。一年后，戴维又在皇家科学会上做了报告。这一次，德高望重的院士们意外地听到了一些真正不可思议的事情。原来，戴维发现了几种新化学元素！那它们是些什么元素呢？

苛性钾和苛性钠

　　化学家在实验室中使用过许多物质，苛性碱——苛性钾和苛性钠一直占着举足轻重的地位。在实验室、工厂和日常生活中，有数百种不同的化学反应只有在碱的参与下才能完成。例如，借助苛性钾和苛性钠，可以使大多数不可溶的物质变得可溶，而且由于使用了碱，最强的酸和令人窒息的蒸气也会失去所有的腐蚀性和毒性。

　　苛性碱是一种非常特殊的物质。从外观上看，它们有点发白，是相当坚硬的石头，好像一点也不引人注目，但尝试将苛性钾或苛性钠握在手中，会感到轻微的灼烧感，几乎就像触摸到荨麻一样，然而长时间拿着苛性碱会感受到难以忍受的疼痛，因为它们会腐蚀皮肉，直到露出骨头为止。这就是为什么将它们称为"苛性碱"了，就是为了与其他不太"邪恶"的碱（苏打水和钾盐）区分开来。顺便说一下，苛性钠和苛性钾一般是从苏打和碳酸钾中获得的。

苛性碱喜水。如果在空气中放置一块完全干燥的苛性钾或苛性钠，过一段时间后，它的表面会莫名其妙地出现汗滴，然后变得潮湿松软，最后它会变成无形的糊状物，就像果冻一样。空气中的碱会吸收水蒸气，与水化合成浓稠的溶液。如果有人偶然将手指浸入苛性碱溶液里，他就会惊讶地说："真像肥皂！"这也是完全正确的。碱的外表摸起来的确像肥皂一样滑。此外，肥皂之所以手感"黏腻"，是因为它是用碱制成的，因此，苛性碱溶液的味道也与肥皂相似。

但是化学家不是通过味道来识别苛性碱，而是通过这种物质在石蕊染料和酸中的表现来识别它。浸有蓝色石蕊染料的纸再浸入酸时会立即变成红色，如果将这张变红的纸再与碱接触，它又会立即变成蓝色。

苛性碱和酸连一秒钟都不能和睦共处，它们会立即发生剧烈反应，同时发出咝咝声并发热，而且会互相毁灭，直到溶液中不剩一滴碱或酸为止。只有这时，才会恢复平静。据说，在这种情况下，碱和酸会相互"中和"，它们会化合产生既不是酸性也不是碱性的"中性"盐。举例来说，最常见的食用盐是由灼热的盐酸和苛性钠化合生成的。

在戴维时代，苛性碱是化学家们最常用的试剂。每一位新手实验员都首先要熟悉它们，只有极少数的时间可以避开它们。

普遍认为，苛性碱是不可分解的简单物质。它们可以与多种物质进行化合，但是将它们分解为更简单的物质似乎是不可能的。因此，它们与金属、硫、磷和新发现的气体（氧气、氢气和氮气）一起被看作元素。当时的每个化学家都知道这些物质，汉弗莱·戴维决定用它们来测试电流的分解作用。

淡紫色火焰的秘密

　　戴维看到电流轻而易举地就能将化学物质分解，甚至能将伽伐尼电池组中偶然发现的那些杂质都轻而易举地分解，他立即有了一个想法。戴维认为："也许物质中的许多元素都被我们当作不可分解的元素，然而都经不起电流分解。"他开始批判性地研究和比较硫、磷、碳、碱、氧化镁、石灰和氧化铝的性质。它们是不是元素？如果不是元素，那么它们都包含哪些未知物质呢？这是很有趣的谜团，是值得付诸努力去揭开的！

　　经过一番斟酌后，戴维决定从苛性碱开始研究。在某些化学性质上，它们与已知的具有复杂成分的物质相似。

　　戴维推断，如果这样的话，那么碱也可能是复杂物质。难怪伟大的拉瓦锡也做过类似的假设。当年拉瓦锡的确无法证明这一点，其他化学家对他的看法也不认同。但是，如果像拉瓦锡这样敏锐的科学家都猜测碱是复杂物质，那么从碱开始着手研究是一定有意义的。

首先，戴维尝试分解了苛性钾，将它在水中溶解掉。他告诉助手，也就是堂兄埃德蒙，将皇家学院现有的电气设备组装、连接在一起，组成一个庞大的电池组，其中包含了二十四个大型电池、一英尺①宽的锌制和铜制方形电极、一百个半英尺宽电极的电池和一百五十个四英寸宽电极的电池。

这个电池组能够产生极其强大的电流，因此戴维希望苛性钾承受不住电流的作用，能够分解为它的成分。接着，戴维将无色透明的碱溶液倒入玻璃容器中，随后将连接到这个庞大伽伐尼电池的两根导线浸入溶液里。

电流刚一通过溶液，两根导线附近就出现了气泡。溶液很快便沸腾了，变得很热，气泡从液体里越来越快地冒出，流窜到空气中。"这是水被分解成了氢气和氧气，"戴维失望地说道，"让我们看看接下来会发生什么。"但是后来发生的化学反应也一样。电流只分解了碱溶液里的水，而苛性钾完好无损。然而戴维不是那种知难而退的人。"好吧，"他拿定主意说，"如果水在这里妨碍分解，那就让我们在没有水的情况下进行实验吧。"

他决定使用熔融的无水碱代替水溶液，将干燥的苛性钾粉末倒入白金匙中，在匙子下方放置了一个酒精灯，并用风箱将先前贮存的纯净氧气吹入火焰。在氧气的作用下，火焰明亮地燃烧，

①1英尺等于30.48厘米；1英尺等于12英寸。——译者注

在大约三分钟后，苛性钾就熔化成了一摊液汁，留在匙子里。戴维马上将伽伐尼电池组一端的导线接到匙子上，将另一端的导线从上方浸入匙内赤热的苛性钾中。苛性钾液体微微地冒烟，随后冒出火星，溅到人身上会很痛。

然而戴维正处于兴奋中，并没有感到疼痛。"它会不会分解？"他将白金导线触碰熔融碱的表面时，心想现在没有水，汤匙里只有苛性钾。如果它不是元素，那么将会原形毕露……也许电流根本不会通过熔融的碱？但是他的担心是多余的，电流通过去了！

"喂！"戴维异乎寻常地大声叫道，"埃德蒙！快过来！我敢打赌碱会分解。"实验室助手靠近仪器，用手遮住眼睛，防止溅出物进到眼睛里。戴维本人几乎快把鼻子凑到汤匙里了。在电流的作用下，熔融的氢氧化钾发生了明显的变化。在白金导线接触苛性钾的地方，呈现出非常美丽的淡紫色火舌。而且，只要电路通着，火焰就一直燃烧。当电流关闭后，它便立即熄灭了。

助手困惑地看着教授，问道："这意味着什么？""亲爱的埃德蒙，"戴维自信地说，"这表示我们拆穿了冒牌的元素。电流从苛性钾中分离出某种未知物质，这种物质包含在苛性钾中，导线附近燃烧着淡紫色火焰的就是这种物质。除此之外，没有其他可能的解释。但是我现在还不知道这种物质是什么，以及如何提炼并收集它。"

是的，要捕获这种神秘物质似乎很困难，但它到底存不存在？是戴维对铂丝上的紫色火焰太重视了吗？路易吉·伽伐尼比戴维更镇定，他曾经表达过一个明智的见解："通常，研究人员在实验过程中看到的往往不是事实的真相，而是他自己渴望见到的结果。"

　　难道戴维在盛放溶解的碱的汤匙里看到的，只是他渴望看到的东西？这个实验，他重复做了好几次，并且每次只要将上部导线连接到电池的负极，将白金匙连接到正极时，都会出现紫色的火焰，但是当他调换导线时，火焰就不见了，然而出现了苛性钾分解的其他迹象：一些气体的气泡从汤匙的底部升起，一个接一个地燃烧着升入空气中，这也许就是氢。至于那种燃烧着紫色火焰的未知物质，无论如何都捕捉不到。

杰出的实验！

在10月一个雾蒙蒙的早晨，戴维刚吃完早餐，就从他的卧室跑到楼下的实验室。今天还有一次实验需要做。

第一次他没有成功分解碱，是因为水的干扰。第二次没有成功的原因在于碱加热熔融到了通红的程度，温度过高。也就是说应该试着从无水苛性钾中分离出未知物质，但是不要加热，以免它在刚产生时就被燃烧掉。这样，实验者一定会得到这种物质。不过如何在不用火的情况下来熔化苛性钾？是不是可以尝试在固体碱中接通电流？戴维带着这个想法，在10月一个难忘的清晨进入了实验室。

前一天晚上，他参加了一个贵族舞会，回到家时已经很晚了，只睡了三小时，因此现在感到非常糟糕。然而当他开始工作时，不良情绪就消失了，像往常一样，干劲十足地进行实验。埃德蒙也很快过来帮忙了。

现在，他的全部目标是使电流通过低温的固体苛性钾。戴维知道，干燥的苛性钾是一种像玻璃或磷一样的绝缘体，并且不会通过自身传递电能。因此，他尝试用水浸湿苛性钾，但这样的话，电流单纯是在分解水，而没有分解苛性钾。

戴维与这种顽强的物质做斗争连续进行了几小时，但没有任何结果。如果不把苛性钾用水打湿，即使电池组在满负荷的状态下工作，电流也无法通过，就是换了潮湿的苛性钾，也没得到任何结果。不过戴维并没有放弃，他忘记了世界上的一切，只看到摆放在眼前的白色苛性钾——一种不可分解、坚不可摧的物质，顽固地抗拒着一切。

"无论如何我都必须分解这种碱！"他脑海中冒出了数十个新方案，但它们都太复杂了，成功的概率很小。

他果断地说："不，我们无论如何都要使电流通过固体苛性碱。来吧，埃德蒙，让我们再试一次，再拿一块碱来。"

埃德蒙从罐中取出一块完全干燥的碱。但是，在将苛性钾放在连接到电池组负极的白金片上之前，戴维将它在空气中保持了一分钟——仅一分钟！"这次尝试让它从空气中吸些水分。也许这次足以使固体碱成为导电体。"他仔细思忖道，"同时，这点水分也许太少，也无法阻碍电流分解碱。"这是一个聪明的主意！干的苛性钾不合适，湿的也不合适，他决定将苛性钾弄得不干也不太湿。

当一块苛性钾刚沾染湿气时，就被放置在白金片上了。戴维用白金导线从上方接触苛性钾，想借助它将电路接通。电流真的经过了。固体碱立刻开始自上而下熔化。戴维的脸色变得苍白，他几乎屏住了呼吸，站在仪器上方。碱在与金属接触的地方开始熔化，并发出咝咝声，几秒钟似乎有几个世纪那么长。

突然从熔化的碱上方传来一声破裂声，像是小爆竹的爆炸声。戴维用肘部使劲地碰了碰他的助理，并弯下腰看着仪器。

"埃德蒙……埃德蒙……"他喃喃道，"快看，埃德蒙！"

在上方，熔融的苛性钾沸腾得越来越厉害，但是在下方的白金片上，从熔融的碱中出现了许多细小的、几乎看不到的小球。它们像汞球一样灵活滚动，带着银色光泽，但性质与汞完全不同，其中一些小球几乎刚出现，就突然胀裂，泛着美丽的紫色火焰消失了，其他的小球虽然完好无缺，但也在空气中瞬间失去光泽，被白色薄膜覆盖。原来苛性钾的成分中包含着某种金属，但至今没人知道它的存在。

戴维欣喜若狂地从高处跳下，在实验室里跳起舞来。一样东西从架子上掉了下来，是空的曲颈瓶击中了铁三脚架，啪的一声摔得粉碎。

一位工作人员正在角落里向大玻璃瓶倒蒸馏水，手里还拿着虹吸管，吃惊地冲进实验室。"嘿，嘿！"戴维大叫道，"太好了！干得好，汉弗莱！你最终把它攻克了！"他抓住表弟的双肩，摇了摇，将他从桌子旁边推开。他大喊道："断开电路，埃德蒙，不用再研究这种烟花了，我们已经达到目的了。你明白我们做成了什么吗？"

"我很明白，汉弗莱。真诚地祝贺你！"戴维久久不能平静，他陶醉在胜利的喜悦中。"这仅仅是个开端，"他对助理说，"现在，可以探寻其他元素了。没有任何东西可以经得住电流的分解。我们将改写化学！"不过今天戴维已经无法思考如何继续进行实验了，他已经欣喜若狂了。

他平静下来以后，坐在桌旁翻开实验室日志，详细记录了当天发生的所有事件，笔墨飞溅，笔头都写断了好几个。然后他急忙洗了洗手，放声高歌，冲出了实验室，但是在门口，戴维突然停下来，好像想起了什么，又回到办公桌前，他再一次打开书，在最后记录实验结果的对面空白处，用黑体字写上了：伟大的实验！

在水中不下沉，在冰上能燃烧的金属

没人会指责戴维那天表现得像一个兴高采烈的小男孩，他一直梦想着分解苛性碱，失败了数十次之后，突如其来的一个大胆设想——分解一向被认为不可分解的东西，最后取得了圆满的成功。他从元素列表中删除了苛性钾，替换上了一种新的真实的未知元素，他将这种元素称为钾（英国人称苛性钾为氢氧化钾）。

戴维总是充满激情，能迅速地完成工作。现在，在他体内爆发了一种狂热的能量，迫不及待地收集更多的新物质来进行详细研究，但并不是想象的那么简单：钾是一种具有非凡特性的物质。首先，它"不甘心"处于"原始"纯净的状态。这种金属刚一出现，就努力与其他物质化合。戴维着实费了些脑筋，使它连续很多天保持初始状态。

如果钾在熔融的碱中产生时并未燃烧着爆炸，那么它在空气中仍然会迅速发生变化。在几分钟之内，我们看着它就失去了光泽、变暗并被覆盖上一层白色的膜。刮掉这层膜并没有任何意义，剥光了膜的裸露的金属钾又会被新的一层薄膜覆盖。薄膜会很快受潮并变松软，一段时间后，这块银色金属就会变成无形体的灰白色糨糊了。

当手指刚触摸到它时，会立即发现这就是老相识——苛性钾，它摸起来像肥皂，红色的石蕊试纸刚一碰到它，就瞬间变成了蓝色。

这种变化的意义很明显，钾贪婪地吸收了空气中的氧和水分，又回到它原始的状态，再次变成了碱。

戴维尝试将钾放入水中，本以为被抛入水中的金属会立即沉到底部，平静地躺在那里。戴维知道的所有旧金属都是这样的。但是钾的性质却完全不一样。它不但没有沉入水底，反而发出咝咝声，在水面上乱窜。随后发生了震耳欲聋的爆炸，在钾的上方突然冒出紫色火焰，然后这种金属就带着火焰和噼啪声在水面上跑来跑去，体积越来越小，直到所有钾都变成苛性碱，立即在溶液中消失得无影无踪。

无论戴维将这种"暴力"元素放在哪里，它都会发出咝咝声、爆炸声，并带着火焰，而且有时候它与其他物质相遇，即使在表面上相安无事，但结果，它一点点从其他化合物中挤出其他元素，并占领这些元素的位置。在酸中，它会燃烧，而且会腐蚀玻璃。

在纯净的氧气中，它会猛烈地燃烧起来，并带着令人眼花缭乱的白色火焰，以至于无法直视它。在酒精和乙醚中，一旦找到点滴的水分，便立即将其分解，它很容易也很愿意与所有金属融合在一起。它与硫和磷化合时，会着火燃烧。即使在冰上，它也能燃烧，并能将冰烧出个孔，直到变成碱，它才会平静下来。戴维该拿这个躁动不安的元素怎么办呢？把它搁到哪里？放在哪里保存？如何保存？

戴维已经丧失了寻找任何可以抵抗钾的物质的希望。然而，幸运的是，他最终发现了这种物质，这就是煤油。在纯煤油中，钾很温和，显然它对煤油无动于衷，一直安静地待在那里。戴维刚确信这一点，他就从碱中获取了钾，并立即将它贮存在煤油中。

这样立刻变得容易操作了。可以贮存钾，不用担心由于缺钾而不得不中断这个或那个实验了。但是现在，当收集到足够数量的新物质，并研究它的性质时，戴维开始为另一种疑惑感到苦恼了：钾是不是一种真正的金属？

从一方面来看，很明显，钾是金属。毕竟，钾在空气中还没来得及变化之前，像抛光的银一样闪闪发光。此外，它像所有金属一样，导电性能很好，并且很容易在液态汞中溶解。但是，从另一方面看，你在哪里见过这样遇到水能燃烧，而且在空气中瞬间就生锈了的金属呢？另外，钾像蜡一样柔软，用刀很容易将它切开。它又是如此之轻，即使被放在比水还轻的煤油中也不会沉到底部。金要比它重二十倍，汞比它重十六倍，铁比它重九倍，甚至连木材都不及它轻。

虽然如此，戴维最终还是将钾当作金属。

"钾是如此之轻，当然令人惊讶，"他想，"也可以这样说，与黄金和白金相比，铁是一种非常轻的金属。汞处于它们之间，比白金轻，但比铁重。事实上，我们已经习惯了旧金属，对新金属的存在一无所知。随着时间的推移，可能还会发现除钾以外的其他金属来填满它与铁之间的整个空隙。"后来，戴维的这一预言果然应验了。

突击的六周

1807年11月19日，是皇家科学会举行例行贝开尔讲座的日子。当然，这次的报告人又是戴维。谁能对他的殊荣提出异议呢？还有哪些科学成果可以凌驾于钾的发现呢？但是要做贝开尔报告的话，必须准备得相当充分，需要收集许多有趣的事实，并进行观察。戴维在剩下的几周内竭尽全力地研究新物质，以便在做报告之前把一切都弄清楚，况且他本人也想尽快了解有关钾的所有知识。

在这一个半月的时间戴维好像一直处在梦呓的状态。一直以来，他以同时进行多项工作而闻名：结束一件事情后，他能立即做另一件事，他的助手和实验室人员累得筋疲力尽。在同一天中，戴维进行了一百种实验。他从排风箱冲向电池组，从空气泵冲向桌子，来记录实验结果。他打碎了实验室玻璃器皿，损坏了装置，也毫不吝惜。这几天钾的爆炸声与烧瓶、曲颈瓶的爆裂声交替出现。

在戴维的脑海里不断涌现出许多新的猜想和设计方案。然后，他立即实践每一种方案，停下实验，一点不吝惜拆卸一小时前组装起来的设备。周围杂乱无章，到处堆满垃圾，一片混乱。实验室几乎就像是一个马厩。

最后在报告之前，戴维对钾已经了如指掌。数十位化学家，对老元素费尽心力研究了数百年，戴维所掌握的钾的信息，并不比对任何一种老元素了解得少。

在六个星期内，戴维创建了一个全新的化学分支，而且他并不将自己局限于钾这一种元素上。在分解了苛性钾后，戴维立即着手研究另一种碱——苛性钠。这种碱也能被电流分解！像苛性钾一样，苛性钠也是一种复杂物质，也由氧、氢和迄今仍未知的金属组成。

第二种金属与钾非常相似。虽然比钾稍微重一些，但也很轻，也有银色的光泽，尽管比钾硬一些，也可以用刀子把它毫不费力地割开，在空气中也会迅速变化，还带着咝咝声在水中跑，但是没有火焰。在煤油中这种元素也会泰然自若，与酸相遇后也会燃烧，但是它的火焰与钾不同，不是紫色的火焰，而是深黄色的火焰。

简而言之，戴维一次发现了两种相似的化学元素——双胞胎元素，它们彼此之间的确有些不同，但是它们的相似之处多于差异。只是第二种金属的活跃性比钾稍弱一些，仅此而已。然而，它仍然具有足够强的活跃性，也能在冰上烧出洞。

戴维称其为苏打素，因为它是从苛性钠中提炼到的，而苛性钠又被称为苛性苏打。戴维发现的金属，今天在英格兰被称为锅灰素和苏打素，在我国，它们被称为钾和钠。戴维夙兴夜寐地做了六周实验。工作飞快地向前推进。但是也不要以为这些天他一直足不出户地坐在实验室里。不管多忙，他的社会生活仍在继续。请柬接踵而至，今天是舞会，明天是宴会，后天不是这项活动就是那项活动。戴维，这位伟大的戴维，还是很愿意去所有邀请他的人家里参加活动，尽管神奇的双胞胎金属一直在他的脑海中挥之不去。

因此，他在钾、钠和贵族宴会厅之间忙得不可开交。此外，他还研究诗歌，而且还有人邀请他去视察监狱，因为那里伤寒肆虐，需要戴维寻找出一种良好的消毒剂，来防止疾病蔓延。在那儿，他看到了可怕的地窖、臭虫窝、虚弱不堪的囚犯。这些人是因为空气混浊、饮食恶劣、疾病丛生，变得脸色发黄。说实话，化学能如何帮助他们？当然，无能为力。但是戴维并没有拒绝，他被邀请去什么地方，就答应去什么地方。

临近11月19日了，这是皇家科学会做报告的日子。戴维累倒了，消瘦得很厉害，两眼塌陷，脸色苍白，但是他并没有因此气馁，夜间在实验室照常坐到凌晨三四点。一大早，又先于其他所有人到了那里。到了晚上，他想起应该去某公爵那儿参加宴会了，于是又马不停蹄地往那里赶。有时他的熟人们会互相询问：
"为什么我们的戴维变得这么胖？"第二次戴维拜访他们时，他
们又这样说："你发现没，今天他又瘦了？多么神奇的变化！"
这个秘密很容易解释。

　　他总是忙得连换衬衣的时间都没有，当他需要离开实验室直
奔舞会时，他常常不换衬衣，而是在旧的衬衣外面套了件新的。
第二天，他又套了一件新的。这样，一件接着一件，所以他连着
穿了五六件衬衣。后来，当他抽出时间了，就把所有衬衣一齐脱
掉，这样瞬间就瘦了下来，这使他的朋友和熟人们感到惊讶。不
过，这些话也许只是八卦。

　　做贝开尔报告的日子终于到来了。戴维做了报告，并讲述了
近来做的不计其数的实验。最后，他又在实验中展示了两种双胞
胎金属。

　　这兄弟俩在水面上奔跑、爆炸，冒着火焰飞向空中。每个人
都可以确信，它们确实是真正的金属，因为它们在煤油中闪耀着
柔和的银色光泽。皇家科学会的成员们深受震撼。不久，各家报
纸也立即开始刊登起戴维的新发现来。

　　所有对化学略知一二的人都感到了惊奇："怎么会！在普
通苏打和普通的钾碱中发现了如此不可思议的金属！一种比木材
轻，比蜡软，比煤易燃的金属。这究竟是怎么回事？要知道，也
许照这样进行下去，明天他们将开始用电流从鼻烟中提取黄金、

钻石或任何魔鬼知道的东西！"

迄今为止，科学的威力很少被这样一目了然并令人信服地展现出来。所以，激情洋溢的赞美词和问候如暴风雨般落到了戴维身上。

出乎意料的中断

在此期间，戴维差点为自己对工作的狂热付出生命的代价。在报告的前几天，他就感到身体不适了。头重脚轻，双腿不时感到乏力，不听使唤，就像踩在棉花上一样。

令人不适的寒战经常在最不合适的时候来侵袭他，譬如，在实验室里冒着热气的沙浴旁边，或是在舞厅里跳着卡德里尔舞的时候，由于闷热而烛光昏暗，人们汗流浃背，他却浑身发冷，感到不舒服。

他感觉疾病在向他靠近，但他仍克制自己，咬紧牙关，继续工作。"我难道还没有来得及向世界介绍自己的发现，就要提前去世了吗？"他担心地说，"接着另一个人，一个外国人做报告，宣布成功分解了碱。那怎么能行！只要我的意识还清醒，手还能握住笔，我就要将所有的发现一点不落地记录下来。我不一定非要上台演讲，只要将报告撰写出来，请其他人替我宣读就可以。"

但他还是自己坚持宣读了报告。当他发言的时候，热病使他浑身战栗，两颊通红，双手微微颤抖。他从未在这种情况下说过话。戴维筋疲力尽，高兴地离开了讲坛。看戴维勉强站住脚，埃德蒙问道："你怎么了？""我好像患了伤寒，"戴维喃喃地说，"该死的监狱！"四天后，他最终还是病倒了，病情立即恶化。高烧使戴维筋疲力尽，他不断地说胡话。在那些日子里，他的病似乎已经到了无药可救的地步。

皇家学会的领导人十分沮丧地走来走去。近来，富有的"慈善家们"已经不再对科学进行公益捐款，几乎整个学院的开销都靠戴维的讲座来维持。他的讲座是学院的主要收入来源。

所以，如果戴维真的死了，那么这个因他的伟大发现而驰名的皇家学院，就要没落了。医生刚从病房出来，学院督学就悄悄地问："怎么样，戴维先生的健康状况如何？""不好。"这是医生们一贯的回答。

伦敦各地的人们来到医院询问他的健康状况。他刚刚声名远扬。他所发现的新金属及其惊人的特性，已经家喻户晓了，但是这位来自阿尔柏玛现街的教授还没来得及宣传自己的新发现，就紧跟着传来另一个消息。伦敦人口口相传："你听说了吗？戴维快死了！"公众硬要闯入研究所验证消息的准确性：戴维教授那天晚上睡得怎样？他的体温是多少？他在检查监狱时染上斑疹伤寒的消息属实吗？学院的办公室不得不为他的健康状况发布特别公告。

戴维连续九个星期害热病在床，他几乎一直在生死之间徘徊，他的医生朋友们日夜在他的床边值班守候。

他们一致认为说："戴维一直没有患过斑疹伤寒。他完全是因为疲劳过度，超负荷的工作而虚弱至极，以至于轻微感冒就能让他病入膏肓。"最终他还是挺了过来，1月的下半月他开始恢复健康，但仍旧非常瘦弱，脸色苍白。

关于实验室，暂时没有什么可考虑的。为了不浪费时间，他开始写一首未完成的诗，疾病没有摧垮他。他仍然是那位热情洋溢的戴维，那个思想敏锐、双手勤快的人。

有一段时间他一直躺在床上，然而在他那简陋的公寓里，甚至连一张沙发或舒适的椅子都没有，除了躺在床上，康复的戴维都没有坐的地方。哦，你们不要认为，富有的英格兰会多么尊重著名科学家——即使报社并不吝惜在报纸上为戴维喝彩和捧场。

得了吧，柔软的沙发多贵啊！一个木雕匠的儿子就算没有沙发，生活也照样凑合着过。

最后，戴维的朋友们的抱怨让皇家学院的院长为此感到尴尬，这才花了三个半基尼，不知从什么地方廉价地购买了一张沙发，郑重其事地安置到戴维的房间里，但是现在戴维并不是很需要它了。

钙、镁和其他元素

戴维刚休养了一个月，就已经回实验室做新的电化学实验了。他竭尽全力弥补生病造成的损失，他扬言要改写化学的历史并非是在说空话！除了苛性碱以外，还存在着许多其他可疑的元素，戴维打算用电流来检验它们。

在当时的元素表上，与苛性钾和苛性钠在一行的是碱土元素。这些元素有石灰、氧化镁、氧化钡、氧化锶，它们之所以被称为土，是因为它们的化合物是许多土物质。这些土不怕火，而且无论加热多长时间，它们都不会熔化，不会分解，也不会改变状态，将它们在水中溶解也是不可能的，至少是非常困难的。

但是，这些土在某些方面类似于苛性碱，像碱一样，它们很容易与酸化合，并"中和"它们，使它们变成无害的盐。如果将这些土在水中溶解一点点，那么溶液会使红色石蕊纸变成蓝色，而这正是碱的确切特征。这就是它们被命名为碱土的原因了。

在戴维如此顺利地成功分解了苛性碱，并发现了新的金属成分后，毋庸置疑，他也能够对碱土进行同样的处理。但是发现四种旧元素被分解的概率比较小，四种新元素被分解的概率比较大，现在这只是时间早晚的问题。分解土的途径似乎已经很明确了，只需要用水打湿这些物质的块状物，让更强大的电流通过它们，但事情并没有如戴维预期的那么顺利，然而确实有迹象表明碱土可以分解。譬如，在输送电流的导线上，附着了一些金属薄膜。这些薄膜的痕迹就像钾和钠一样，在空气中会变暗，并从水中置换出氢。

然而戴维无法获得相当可观数量的新物质，他一连几小时将电流通过碱土，但只得到了新金属的几个晶粒。结果它们还不是纯金属，而是与金属导线的合金。

戴维对各类碱土进行了长时间的实验，甚至毁坏了巨大的电池组，但仍没有取得圆满的成功。于是他又设计了一个新的具有更大功率的电池组，里面安装了五百对电极。但是使用这样功率强大的电池组也没有成功获取想要的结果，因此需要探索新的途径。

最后是瑞典化学家贝采利乌斯给戴维指出了一条正确的途径。他给戴维写了一封信，描述了自己分离土的方法，并建议戴维使用这种方法。贝采利乌斯不是通过铁丝将电流输送给碱土，而是通过一列液态汞输送电流。

他的设计如下：当金属在电流影响下从碱土中分离出来时，

它将立即溶解在水银中，形成新金属与水银的合金。除此之外，水银像水，在加热时会变成蒸气，因此接下来很容易将水蒸气从合金中赶出去。最终，提炼出纯净的新金属。

戴维立即采纳了贝采利乌斯的建议，设法从所有碱土中提取出新金属。

从石灰中获得的金属被叫作钙，因为石灰是通过煅烧白粉获得的，而白粉的拉丁文读音为"钙尔克司"。从氧化镁中分离出的金属，被称为镁，其余的元素是钡和锶。现在，它们的名字也没有改变。

这些都是银色的轻金属。它们在空气中全部会迅速地失去光泽，将水分解成其他成分，尽管没有钾和钠那么强烈。

通常，就其性质而言，"碱土"金属处于活性的轻金属（如钾和钠）与静态"旧"的重金属（如铁、铜和汞）之间，但即使在收到贝采利乌斯的信之后，戴维也没得到碱土金属的纯粹形式。每种金属仍有很多研究工作要做，但是戴维没有耐心。他已经证明了碱土不是元素，而是复杂的物质。

除此之外，他还证明了它们每种物质都含有氧气和金属。现在，他没有兴趣去详细研究这些新金属的性质。除了钾和钠，这些元素没什么能打动他的。

还有四种碱土在戴维之前被认为是不可分解的元素，当戴维试图分解它们时，甚至得到了更贫乏的结果。这四种碱土分别是包含在黏土中的矾土、沙子中的硅石，不久之前，化学家就在稀有矿物中发现铍和锆土。戴维只花了很短的时间来研究这些土。

戴维为包含在这些元素中的那些真实元素命名，虽然他还没有成功地看到它们，并放弃了研究它们。一种碱土像另一种碱土，一种轻金属像另一种轻金属，在他看来，这一切都有些单调。现在，他希望取得不寻常的惊人发现。

做下一场贝开尔报告的日子临近了，戴维知道听众很期待他的演讲。于是他又急切地工作起来，临时放弃了其他工作，开始进行似乎有望带来更有效结果的新研究，但还没有做到最后，又开始了其他研究，他试图分解硫、磷、碳、氮这些毋庸置疑的元素。

戴维迫不及待地想在这些元素中发现其他隐藏着的物质，曾一度觉得自己在实验中确实做到了这一点。

未经核实自己的观察结果，于1808年12月15日戴维向皇家协会提交了第三份贝开尔报告，贸然宣称成功地证明硫、磷和碳是复合物质。这不仅令人难以置信，而且是不正确的。戴维的确不应该这么着急，只要稍加留意就会及时发现自己的错误，也就不会否认硫、磷和碳是真正的元素了。

"汉弗莱·戴维爵士"

戴维的科学研究生涯并没有以这次失败而告终。那时，他才刚满三十岁，正值精力充沛和富于创新精神的时期。

在随后的几年中，戴维进行了许多其他出色的研究。他研究了舍勒在18世纪发现的氯的性质，并且是首位证明这种窒息性气体是不可分解的元素的化学家。他发明了一种安全的矿灯，使矿工可以大胆地进入地下，而不必担心地下的瓦斯会由于火爆炸。这种灯直到今天都被称为戴维灯，挽救了成千上万名矿工的生命。但是，戴维在化学研究中再也没有取得过像在分解苛性碱时所获得的杰出科学成果了，钾和钠的发现是他科学创造的顶峰。

几年来，戴维将所有的激情和勇气都倾注在了工作上。他不止一次冒着生命危险做实验，但很幸运的是，每次他都成功脱险。只是有一次，他被熔融的碳酸钾烫伤了手，又有一次炸伤了眼睛。

可是随着年龄的增长，戴维渐渐开始对与科学无关的事物感兴趣。他不再满足于住在皇家学院简陋的公寓里，而且教授的薪水，在他看来十分微薄，他开始变得追逐名和利，羞于提起自己的父亲是一个普通的手艺人，回忆起小时候在正骨医生那儿做小侍者的时光。

戴维一度打算靠行医赚钱。他认为，凭借自己的名声，他将不乏富裕的患者。戴维的教会朋友们想招揽这位伟大的科学家加入自己的队伍，他们希望戴维的雄辩能帮他们蒙骗易上当的人，以教会工作人员的巨额收入引诱他。不过，戴维最终找到了另一条出路，娶了一个富有的贵族寡妇。

在婚礼前夕，英皇乔治三世生病，摄政王暂时代理国政，授予戴维贵族头衔，从那时起，戴维自豪地到处签名——"汉弗莱·戴维爵士"。

戴维生活在这样一个不重视才华和劳动，而是重视财富和高贵出身的世界上，就算凭借自己所有的聪明才智，也不能超越世俗社会的偏见和标准。

第三章

蓝色物质和红色物质

五十七种元素，不会再多一种

1789年，拉瓦锡试图编撰一份元素清单，列出世界上所有存在的元素，但他只列出了三十三种，但事实上，其中只有二十四种是真实元素。其余的九种要么在自然界中根本不存在，要么在被拉瓦锡列为元素时，他们还不知道如何分解这些物质。四十年后，也就是戴维去世的那一年，化学家们已经清楚地知道五十三种不同元素的存在了。戴维本人发现了至少十种揭示新元素的方法，其余的元素则被其他各国的科学家发现。

19世纪初，在巴黎居住着一个叫库尔图瓦[①]的人。当拿破仑战争在欧洲爆发时，制备火药的原料——硝石供不应求，库尔图瓦在巴黎郊区开办了一家硝石工厂。事情对他来说进展非常顺利，但是他很快就注意到，用来准备硝石的铜桶不知为什么被腐蚀得

[①] 贝尔纳·库尔图瓦（B. Courtois），法国化学家。库尔图瓦在科学上的贡献主要是发现碘元素。——译者注

那么快。库尔图瓦开始寻找原因，于是在碱中发现了一种未知的腐蚀性物质，它的纯净形式是具有黑色金属光泽的坚硬晶体。这些晶体具有一种不同寻常的特性：加热后它们没有立即熔化，而是变成了紫色蒸气。

库尔图瓦将新发现的物质赠予认识的克莱曼教授研究。克莱曼教授将这种物质给法国最著名的化学家盖伊·卢萨克[①]展示了一下。当戴维1813年访问巴黎时，他也被赠送了一块散发紫色蒸气的物质来进行研究，因此发现了一种新元素——碘。

碘就是我们现在用来给各种伤口消毒的药水，只是现在我们使用的不是固体碘，而是碘溶液。在碘发现后又过了几年，另一种未知元素从一种稀有矿物中提取了出来，它是类似于钾和钠的金属。这种元素很轻，仅仅比轻质木材略重。要是这种金属与钾和钠不同，不具有与水剧烈化合的性质就好了，那么就可以用来制造救生圈，因为它太轻了。这是碱金属的第三个孪生兄弟，被称为锂。

大家很快就为碘发现了一个合适的"配偶"。1826年，法国

[①]盖伊·卢萨克（J.L.Gay Lussac，1778—1850），法国化学家，曾发现气体在恒压、升温时的线性膨胀的定律。盖伊·卢萨克首先发现了气体化合体积定律，又发明了碱金属钾、钠等的新制备方法，继而发现了硼、碘等新元素，在化学上取得了巨大成就。由于盖伊·卢萨克的杰出成就，法国成了当时最大的科学中心。——译者注

人巴拉尔在生产盐的盐沼上发现了一种未知物质。它的许多特性类似于碘，但又不是碘。当提取出这种纯净的新物质时，发现它是一种带有令人窒息的气味的液体，呈现出浓重的红色。这种元素被称为溴。任何一个了解摄影的人都知道，现在所有的照片底片、纸和胶卷都涂有溴银化合物。溴钠化合物是一种治疗失眠的药，在所有药房都有售。

瑞典人贝采利乌斯发现了几种新元素，在1808年，他帮助戴维分解了钡和石灰。在稀有金属中还发现了许多新元素。以前，仅知道三种稀有金属：银、金、白金。在19世纪初期，又发现了四种和白金相似的金属——铱、锇、铑和钯。事情至此还没有结束。戴维去世十五年后（1844年）喀山大学的一位教授克劳斯在乌拉尔的白金矿石中发现了另一种类似白金的元素，将之命名为钌。它已经是第五十七种元素了。在这以后，科学界开始寂静无声，在哪里都没发现新元素了。

在19世纪第二季度，工业开始蓬勃发展，出现了第一批横跨欧洲和美洲的铁路，海洋上出现了第一批轮船。为了寻找工业原料、矿石、煤炭和其他矿物，人们的足迹已经到达了天涯海角，收集了丰富的矿物和岩石。成千上万种不同的物质在工厂和实验室已经过了化学家的手进行了最精细的分析。但是，除了已经知道的五十七种不可分解的元素之外，再也找不到新的元素了。也许，在那时候地球上存在的所有元素都已经被发现了，难道寻找新的元素已经变得没有意义了吗？不，寻找元素的人并没有善罢甘休。

　　他们这样讨论道："显然，到目前为止，我们仅研究了到处大量可见的元素，而且这些元素很容易与其他元素分离。众所周知，我们熟悉的所有元素在地球上的分布是非常不均匀的。例如，铁在世界各地都很丰富，铜则少得多，银就更少了，金数量极少。整个地球上的钌大概也不超过几十吨。为什么不假设一下在世界各地还分散存在着一小撮稀有元素呢？应该设法寻找到它们的行踪。"人们的勘察在继续，却一无所得。在澳大利亚和格陵兰岛，在巴黎郊区以及维苏威火山上，人们找到了各种各样的岩石，但它们都由已知的元素组成，而新元素，再也没有被找到。

　　同时，现在似乎比舍勒和拉瓦锡时代更容易找到新物质了。化学分析技术每年都在完善，化学家们不仅学会了确定这样那样的石头或黏土中所含的元素，他们也可以非常准确地指出，这种物质这种元素和那种元素的含量。

　　一位经验丰富的化学家可以用1克物质进行数十种操作和转化。将这种物质溶解、蒸发、洗涤、过滤、煅烧，用酸和碱进行处理，用火加热，用冰冷却，在研钵中研磨，最后物质重量没有减少一分一毫。他们发明了精密的分析天平，它是如此灵敏，甚至可以称出1/1000克重的物质粉末。人们也学会了非常巧妙地在实验室工作。但是，仍然没有一位化学家找到新元素。

最后，还是物理学为化学助阵，就像物理学家伏特的发现帮助了化学家戴维借助电发现了新的化学元素一样，半个世纪过去了，这次是光帮助化学家们发现了新元素。化学家罗伯特·本生和物理学家古斯塔夫·基尔霍夫这一对好朋友结合了他们的知识和技艺，取得了真正卓越的成就。

本生和基尔霍夫

　　罗伯特·威廉·本生过着按部就班的生活，就像质量优良的老钟一样。他从来不知道什么是贫困，也没有追求财富的欲望。无论对名望，还是艺术，他都不感兴趣，只知道从事自己的科学研究，并不关心别的。他不像舍勒或戴维那样，是自学成才。本生的父母给予儿子良好的教育，本生童年和青年时期所处的整个环境，也有利于从事科学研究。他出生的城市——德国哥廷根市，因一所大学闻名于世。科学是这个城镇生活和收入的来源，就像港口城市依靠大海生存发展，疗养区以患者的收入为来源一样。罗伯特·本生的父亲是哥廷根大学的教授，这位著名教授的儿子，自然而然也会才华横溢，成为著名学者。

　　1828年，十七岁的罗伯特从高中毕业，进入了大学学习。三年后，科学博士毕业，然后他去了欧洲旅游。一年半的时间本生都在轻便马车上颠簸，从一个城市走到另一个城市，从一个国家游历到另一个国家。他参观了冶金、化学、制糖厂，还有其他一些工厂。他下到矿井里，爬到雪山上，认识了来自德国、法国、瑞士和奥地利的著名化学家们。在法国的圣艾蒂安，他生平第一次见到有趣的事物——人们不用骑马，而是用蒸汽火车。回到他的家乡哥廷根，这位年轻的博士毫不犹豫地沿着教授的常规道路前进：他进入了大学工作，当上了副教授，开始教授化学。

那是1834年的事，就是从那时起，他确立了终生不变的生活作息：上课、实验室、再去上课、再回到实验室。他几十年如一日，二十五岁如何度过的时光，五十岁时还是如何，五十岁怎样生活，到了七十岁依然那样。早晨，天刚蒙蒙亮，他就坐在桌旁写作、计算、检查工作结果，然后去上课。下了课去实验室，一直工作到午饭时间。午餐后和朋友一起去散步，然后再回到实验室。

尽管如此，还是有一些偶然事件使本生偏离生活轨道。既不是严重的疾病，因为本生直到耄耋之年才生病，也不是恋爱，因为他没有爱过谁。既不是家庭不幸，因为他是一个单身汉，也不是政治事件，因为他回避政治，从不社交。

爆炸和中毒事件几乎如影随形地伴随着每位无所畏惧的化学家，本生也没有幸免。

本生开始时，因研究"二甲胂基"而成为著名的科学家。在这些初期的实验中，他的实验室发生了爆炸，炸伤了一只眼睛，差点儿中毒。本生是一位杰出的化学分析大师，他接连不断地想出很多新颖巧妙的方法，以快速、准确地识别各种物质的成分。因此，常有来自世界各地的年轻化学家和学生找他学习这种精细的化学工艺。但是，他的科学工作并不仅限于化学分析。

他完成了许多重大发现，并发明了许多有价值的仪器和装置，但是，正如本生的一位朋友所说，他最大的发现是对古斯塔夫·基尔霍夫的"发现"。

本生在布雷斯劳（现在的弗罗茨瓦夫）"发现"了基尔霍夫，也就是在那儿与基尔霍夫相识。在1851年本生应邀在那里担任化学教授。他们刚一认识，就立即成了朋友。就像本生一样，基尔霍夫几乎过着平静而又安稳的"教授"生活。基尔霍夫的才华也并不逊色于本生，只不过他的职业不是化学，而是物理和数学。从外貌上来看，他们就像白天和黑夜。当两个朋友在布雷斯劳的街道上漫步时，路人总是惊讶地望着他们。这是多么"不和谐"的一对呀！想象一下，一个人体形魁梧、肩膀宽阔，嘴里叼着雪茄，头上戴的高高的礼帽几乎顶到了二楼窗户，这就是本生。

在他旁边走着一个矮小瘦弱的人，经常生机勃勃地挥舞着双手，这就是基尔霍夫。本生沉默寡言，而基尔霍夫讲起话来滔滔不绝。小时候，他说起话来喋喋不休，以至于母亲不得不时时地提醒他：尤利娅，闭上嘴……尤利娅，闭上嘴。她之所以称基尔霍夫为"尤利娅"，是因为他像一个女孩一样，又苗条又瘦弱。

基尔霍夫非常精通文学，喜欢背诵，有一段时间非常喜欢戏剧，但是这一切并不能妨碍他由衷地与本生形影不离，本生除了自己的科学知识外，什么也不想了解，谁也无法将他从那不舒服的单身公寓中带出来，到人们聚集娱乐的场所去休息一下。

　　初次相识后，大概过了一年半，他们不得不分开。本生被推荐到德国一所最好、最古老的大学——海德堡大学去教书。他到了那儿，很想念基尔霍夫，而基尔霍夫也想念本生。最后，本生将自己的朋友调到了海德堡大学。现在，两位科学家终生都形影不离了。

　　他们两个几乎每天都一起去海德堡附近的丘陵散步，或与当地的教授一起。在散步时，基尔霍夫和本生互相详细地讲述自己的实验和科学工作。不久，他们就抓住了机遇，在共同的事业上携手合作起来。

火焰的颜色

在1854年，海德堡建立了一家瓦斯工厂，可以向本生的实验室输送煤气。本生需要购买瓦斯灯，他尝试了各种构造的瓦斯灯，但没有一款让他称心如意。于是他自己发明了一种性能极好的瓦斯灯。本生发明的灯不冒烟，可以随意进行调整。它时而会冒出又炽热又干净，并且透明的火焰，时而可以降低热度，但火舌会变大些，也可以随意地留下很小的火舌，可灯仍然未熄灭。这种十分简单方便的瓦斯灯至今仍在世界上所有的实验室中使用，被称作本生灯。

本生非常喜欢与火打交道。他技艺精湛，能将炽热的玻璃吹制成各种化学仪器，有时能连续数小时坐在桌子边拉风箱。他那巨大的双手在炽烈的火焰中灵巧地旋转玻璃，津津有味地向熔融的玻璃里面吹气，将它们吹制成各种稀奇古怪的形状。他将金属焊接到玻璃里，将一根玻璃管焊接到另一根上，再将一件仪器焊接到另一个仪器上，常常毫无顾忌地赤手去拿软化的玻璃，他的双手就像是由耐热的钢构成的，而不像所有人的一样，由皮和肉构成。当这位教授坐在焊接管旁时，学生们常常说："一会儿就要闻到烤肉味儿了。"本生的手指确实经常冒烟，而他自己好像什么都没发生一样，仍旧抓住赤热的玻璃不放。

只有当他痛到忍无可忍时，他才用特有的本生方式来冷却烧痛的手指：迅速地将它们放到耳朵底部，紧紧捏住耳垂。他那双"耐火的"手在整所大学已经出名了。

当本生在焊接和吹制玻璃时，他自然而然地注意到了火焰的颜色时不时地在发生变化。当使用瓦斯灯时，这一点尤为明显。通常瓦斯灯的炽热火焰会呈现出微弱的蓝色。但是，一旦将玻璃管插入这种无色的火焰中，它就会立即变成淡黄色。如果火焰掉入灯内，里面的铜烧红了，火焰就会变成绿色，而放入一小块钾盐，火焰就会变成淡粉红色。

本生曾经试图将各种物质通过铂丝注入火焰中燃烧，然后出现了什么？无色的瓦斯灯火焰变得绚丽多彩，就像彩灯一样。一小粒锶盐会使灯焰发出鲜亮的紫红色的火焰。钙是砖红色的，钡是绿色的，钠是黄灿灿的。本生知道，很久之前一些化学家就一直试图通过火焰的颜色来识别物质的成分，但不是很成功，因为他们只有酒精灯，而且酒精火焰本身就带着颜色。

在本生灯的无色火焰中，一切都非常清晰地展示出来。本生认为："这非常吸引人，因为在几秒钟内就可以分析出任何一种物质的成分！"作为分析专家，本生非常清楚普通化学分析非常麻烦。要弄清某种物质是由哪些元素组成的，得需要花费数小时，甚至是几天的时间。在这一切似乎都非常简单，只需将一粒物质放入瓦斯灯的火焰中，就会立即知道它是由什么成分构成的！实际上似乎是可以这样，但又并非完全如此。

如果物质中仅包含钾或仅包含锶，并且不含任何杂质，那比较好办了，那样火焰具有清晰、鲜明的紫色或深红色。但是，常见的情形是，所研究的物质中包含几种不同的元素，那该怎么办？到那时，即使在本生灯最纯净的火焰中，也很难分辨出一些东西，因为一种颜色会注入另一种颜色里。

本生尝试运用各种巧妙的办法来分辨每种颜色。他试图透过蓝色玻璃观察火焰，有时可以在火焰中分辨出钾的紫色或锂的红色，尽管在肉眼看来似乎只有附着一片深黄色的钠。透过蓝色玻璃，黄色是不可见的，所以，紫色便清晰可见。但是，所有这些方法都不可靠。因此，通过这种方式只能有百分之一的概率确定该物质的成分。

在一次散步中，本生将自己的实验告诉了基尔霍夫。基尔霍夫说："作为一个物理学家，如果我是你的话，会尝试采用不同的方法。我认为，不应该直接观察火焰，而要看它的光谱。这样的话，所有颜色将更加清晰可见。"本生很喜欢这个想法。

事不宜迟，他们决定共同实施这一计划。这次谈话发生在

1859年初秋，它对科学产生了极其重要的影响。

但是在谈论这些影响之前，我们需要更详细地了解米哈伊尔·罗蒙诺索夫曾是如何观赏、歌颂并研究彩虹的颜色特征的。

节日的烟火和俄罗斯科学之父

圣彼得堡的夏天凉爽宜人。在18世纪中叶，伊丽莎白·彼得罗芙娜统治时期，在涅瓦河滨河街，科学院大楼的对面，锤子的敲打声不断，锯子尖声刺耳，刨子吱吱响，这是工匠们在为带着外国姓氏和名字的俄罗斯院士建造实验室。木匠们在锯木头，制作黑板，建造巨大的木筏。木筏上固定了高高的架子、轮子、梯子、台架。木筏上装饰着花环、纸灯笼和服饰华美的玩偶。一些木偶的尺寸与人的实际尺寸相同，其他木偶就像北方童话世界里的巨人居民一样魁梧。织锦的、缎子的和天鹅绒的窗帘和装饰品被制作成了绿色的森林、山坡、成片的田野和白云缭绕的天空。到下午，人群就像流水一样涌向涅瓦河两岸。傍晚时分，把木筏下到水里。

涅瓦河上空夜幕降临，在木筏上开始上演一场规模宏大而又美妙的烟火表演。一连串的彩色烟火冲入云霄，让观众们眼花缭乱。烟火形状变幻多样，超乎观众的想象力。在木筏舞台的中间通常会安置一个巨大的"车轮"，就像一轮巨大的太阳，一边旋转，一边放射出五颜六色的火花。轮子似乎构成了一个巨大的光圈，环绕着身形修长的女郎，女郎的脚下放置着各种娃娃。在木筏的四周，各种绿色的、紫色的灯光像喷泉一样涌入空中。

除了几个懂得彩火之谜的烟火师和魔法师之外，人群中常常站着一个人，对他来说，神奇美妙的烟花根本算不上秘密。这个男人有着宽宽的肩膀、高高的个子。他戴着假发，穿着金色刺绣的缎面吊带背心、丝绒及膝的短裤、长袜和带扣环的鞋子。他动作笨拙，说起话来声音响亮，有时很刺耳，奇怪的习性使他在宫廷贵族和仆人中显得卓尔不群。这位特殊人物拥有聪明才智，并且性格很古怪，不仅在节日人群中显得与众不同，而且就是在俄罗斯整个伊丽莎白女王时期也是一位出类拔萃的人物。这位穿着吊带背心、戴着假发的宽肩男子就是"俄罗斯科学之父"，他是霍尔莫戈尔区一位渔民的儿子，叫米哈伊尔·瓦西里耶维奇·罗蒙诺索夫。

这位罗蒙诺索夫可不是一名普通的观众。根据伊丽莎白的旨意，他必须撰写节日计划，构思出曲折离奇的寓言情节，为舞台布景绘制草稿，甚至作诗来供众人朗诵。罗蒙诺索夫还教烟火师为火增加新的色彩，制造更为震耳欲聋的焰火爆竹，想办法使烟火喷得更高更强劲。

节日准备就绪后，罗蒙诺索夫经常去自己的实验室，它离涅瓦河不远。这是俄罗斯建造的第一所化学实验室，位于科学院后院的"植物园"中。罗蒙诺索夫平时按照中学生的习惯，摘下假发，脱下吊带背心，将钢笔别在耳朵上，坐在放有烧瓶和玻璃杯的桌子旁。

在科学院的工作总结中经常这样记录着罗蒙诺索夫缺席庆祝活动和会议的理由——"实验室太忙"。

罗蒙诺索夫的实验室不大，长13.9米，宽10.7米。实验室内部的设备很简单，在第一间大屋子里砌着一个火炉，火炉上面装着外罩和用于排放有害气体的烟囱，另一间较小的屋子是罗蒙诺索夫经常授课的地方，第三个房间里存放着化学药品和化学装置。在一张桌子上放着一架木质天平和化学笔记簿。罗蒙诺索夫用形象、精确的语言在笔记簿上记下自己的想法。

在笔记中记录着这样的文字："当几种物质混合时，会呈现不同的颜色……可以通过灵敏的光学仪器将它们探测出来。"这些文字是什么意思呢？如果好好想一想，就会明白罗蒙诺索夫是第一位猜测出物质的特性与燃烧物体的火焰颜色之间有神秘联系的科学家。

当年在罗蒙诺索夫记录这一笔记的时候，化学家们试图用最混乱和最矛盾的理论来解释物质的结构，燃素学说风靡一时。罗蒙诺索夫已经猜到这一理论是不正确的，在笔记簿旁边的木质天平上，自己用铁屑做了实验，并且早在拉瓦锡之前就提出了物质守恒定律。

在罗蒙诺索夫生活的年代，尚未发现任何元素，但是罗蒙诺索夫已经猜到了物质的构成方式。他在自己的笔记中这样写道："朱砂中含有汞，但是就算通过最好的显微镜也无法观测出来。因此，只有通过化学方法才能了解汞的特性。化学将是第一门揭开自然庙宇神秘面纱的科学。"火像烟花一样燃烧、熄灭，要如何捕捉它的痕迹呢？一种放在最热的火炉中都无法熔化的物质，要如何使它燃烧起来呢？如何确定火焰颜色和元素之间的联系呢？

罗蒙诺索夫生活的时期物质条件十分匮乏，只要我们一罗列，就会知道他的洞察力使人感到吃惊。他缺乏照相技术，无法捕捉火的痕迹。没有电弧来熔化物质，更别说分光镜了。

罗蒙诺索夫的分光镜就由天空中的彩虹替代了，而电弧就是太阳的日珥。读一读散布在他的科学著作、颂歌、诗歌作品中的思想，就可以知道，罗蒙诺索夫已经猜测到了火的颜色，就是后来说的光谱线，那是一种特定的元素，一种简单的物质所固有的元素。罗蒙诺索夫的远见卓识是多么伟大啊！

为什么艾萨克·牛顿要捕捉太阳光影

那是1666年，在安静的英国城市剑桥，年轻的科学家艾萨克·牛顿连续几天从事一项非常奇怪的研究。他在捕捉太阳光影。牛顿独自在一间黑暗的屋子里待了很长时间，摸索并摆弄着什么东西，还喃喃自语。难道他只是为了逃避炎热，在这间黑屋子中凉快凉快？不是这样！他严严实实地遮盖了所有裂缝，房间里特别闷，就像在温室里一样。

牛顿当时头上戴着时髦又沉重的假发，汗水从他身上倾泻而下，就像下雨一样，而街上微风习习，清爽宜人。

他为什么要坐在这样密不透风的地方呢？原来他在一张纸上捕捉太阳光影……

牛顿用稠密的百叶窗遮住了所有的窗户，只在其中一扇百叶窗上开了一个如豌豆大小的小圆孔，让一束细长的阳光穿过这个孔，射入这一片黑暗里来。牛顿在房间里静静地踱来踱去，时而将他的手掌放在光线下，时而让光线照射到更远的墙上。明亮的光斑从他的手掌上跳跃到墙上，从墙上跳跃到纸上，又从纸上跳到牛顿的黑色长衫上。这种儿戏真的能让一个学识渊博的青年博士如此着迷吗？当然不是。牛顿并不是在娱乐消遣，而是在从事一件严肃的事情，在做一个实验。

他手里拿着一个玻璃棱镜，那是一块具有三个平整边缘的普通玻璃砖。牛顿时不时地将这块玻璃砖嵌入一束阳光中，当玻璃棱镜拦截光束时，墙上白色的圆形光点就立即消失，出现了长长的彩色条纹。

"白色光去哪儿了？"牛顿第一次注意到这种难以理解的变化时，便困惑不解地问自己。牛顿用一只手握住棱镜，另一只手捕捉光线。他摆摆手，动动手指，手指覆盖了鲜红色、黄色、绿色、蓝色、紫色，但是白光不见了，怎么找也找不到。

于是牛顿一遍又一遍地重复这个实验。每次结果都一样：在到达棱镜之前，太阳的光束是普通的白光，透过棱镜后就发出彩虹的各种光了。当牛顿移开棱镜后，墙上又跳动着白色的光点，并且和百叶窗上小孔的大小一模一样。然而当他将棱镜放在光束的路径上时，墙上又出现了一条细长的彩色光带。牛顿称这种光带为光谱带。

光谱的最上边一条线一直是红色的，接着红色渐变为橙色，橙色渐变为黄色，黄色渐变为绿色，绿色渐变为蓝色，光谱的最底部是蓝色线和紫色线。牛顿绞尽脑汁，想弄清楚为什么会形成光谱。太阳刚一出来，他就拉下百叶窗，开始捕捉彩色光线。只有到了晚上，他才从自设的"囚室"中出来，被室外的亮光刺得睁不开眼，但在他的眼中还跳跃着壮观的彩色光谱。

他日夜不停地思考光谱，最终弄清楚了它的形成原因。

牛顿认为，太阳发出的光根本不是白色的，只是看上去是白色的。实际上从天空中倾泻而出的是极其明亮的有色光线。当它们全部混在一起时，我们的眼睛无法区分它们，而是将它们当作白光。但是，当这些混合光线穿过三棱镜时，三棱镜将它们分开，向四处发散，于是我们就分辨出每种颜色。每束光线都会产生一个小的圆形斑点，大小和百叶窗上圆孔的大小一样。

红色光点在顶部，因为红色光线受三棱镜折射得最少。紫色线在最底部，因为三棱镜将紫色的光线反射得最远，其他的光点都位于红色和紫色光点之间。一个彩色的光点边缘总与另一个毗邻相连。因此，在墙壁上呈现的不是百叶窗上小孔的白色圆形图像，而是延伸着的彩色条纹——光谱。

乍一看，牛顿的解释似乎很奇怪。很难想象白色光实际上并不是白色的，并且在我们头顶的天空中经过的并不是明亮的白色太阳，而是一个奇怪的天体，它同时是红色、黄色、绿色和紫色的，但是这个奇怪的解释是正确的。只要想象一下，透明的露水或雨滴如何在阳光照射下闪烁着不同颜色的光，就清楚了。

牛顿在自己漆黑的房间里做了几十次实验之后，才将太阳的白色光线解释为各色光线的混合体，而且他一目了然地证明了这一点，因此，难以对此进行反驳。

牛顿不仅将白色混合光线分解成不同的颜色，而且他也做了相反的实验：分开的彩色光线又被另一块三棱镜聚集在一起，结果看上去是白色的，然后他又想出这样一个实验：将一个涂有太阳光谱所有颜色的圆木盘，绕轴快速地旋转，这时旋转的圆圈似乎呈现出白色，然而实际上，木盘是五彩缤纷的，上面没有一点点白点。

夫琅和费^①线

　　读者会问："但是太阳实际上与这有什么关系，这里讨论的是本生灯的实验和化学物质的分析。为什么会突然提到太阳和太阳光谱？"你们将很快知晓，牛顿到底做了什么。

　　牛顿在自己漆黑的房间中发现阳光不是一种光线，而是由各种不同颜色的光线组成，这些光线又都被三棱镜折射偏离原来的直线路径，沿其他方向前进。

　　那么，这么说别的光——阳光以外的人造光——也不是单一颜色的光吗？例如，酒精灯或蜡烛的光是否也是由不同颜色的光线构成的？是的，人造灯的光也可以分解为各种不同颜色的光。

---

①约瑟夫·冯·夫琅和费（Joseph von Fraunhofer，1787—1826），德国物理学家。夫琅和费从一个光学研究所的工人成为该所的负责人，曾自己设计制造了许多光学仪器，如消色差透镜、大型折射望远镜、衍射光栅等，在当时的物理界都是非常了不起的成果。夫琅和费最具影响力的贡献是发现并研究了太阳光谱中的吸收线，即夫琅和费线。——译者注

在1814年，技术精湛的德国眼镜师夫琅和费研究了各种灯的光谱，试图找出一种只发出单一光线的光源。

他为光学仪器制造了几块放大镜，需要寻找一种单色光来检测这些放大镜的质量。夫琅和费没有找到这种单色光，但是他发现了其他有趣的东西。

夫琅和费也像牛顿一样钻进一个黑暗房间，但他没有让外面的光线穿过圆孔，而是让其从窗户或门上的狭缝照进屋子。他将灯放在外面狭窄缝隙的前面，在三棱镜的后面安装了窥管来捕捉灯焰的光谱。

他安装的窥管很结实，三棱镜也由特殊的玻璃制成，能向四面折射各种彩色的光线。因此，他收集的光谱变得很长、很清晰，而且轮廓分明。这种延长的光谱带是多么五彩缤纷啊！

夫琅和费第一次在狭窄缝隙的前面放置了一盏油灯，透过窥管，他看到两条非常明亮的黄线，大小和缝隙一样，并排出现在光谱带上。他转了转窥管里的透镜，又看了一两次，黄线还是在原来的位置上。于是夫琅和费明白，原来从灯发出的所有光线中，有两条光线特别明亮，它们不但没有与其他光线混淆，还单独呈现出狭缝清晰的映像。

当夫琅和费将狭缝前面的油灯换为酒精灯后，两条黄色线再次出现在窥管的视野中。放置上蜡烛后，黄线仍然会呈现出来。如果不将窥管和棱镜从原来的位置移开，黄线始终位于同一位置，并且光谱的长度也不变。

夫琅和费在太阳光谱中寻找到两条黄线，但是在太阳光谱中并不存在这种线。然而他发现了另外一些东西：在太阳光谱整个长长的、明亮的、彩色的带上交叉分布着许多黑线。夫琅和费计算了一下它们的数量，大概超过了五百条，而所有这些细小的黑色线位置始终不变。有些黑色光线颜色较暗，有些颜色较亮，有些特别清晰，在光谱带明亮的背景上显得漆黑。他用拉丁字母（A、B、C、D等）标记了这些最引人注目的黑色光线。仔细观察了这些黑暗的条纹，夫琅和费思忖道："真是奇怪！好像太阳光中少了几种颜色！"

他开始仔细观察黑色线，让他感到更诧异的是：原来最黑暗的双色线D的位置，正好是蜡烛和灯的光谱中观察到的明亮的黄线所在的位置。白天，当他让阳光射入狭缝时，在彩色光谱带中黑色光线占据某个特定位置。

到了晚上，当他在狭缝前放一盏灯或蜡烛时，在光谱的同一位置会出现一对明亮的黄色线，而且两对线条的大小完全吻合。换句话说，那些在人造灯光中最明亮的光线在太阳光谱里并没有出现。这是多么奇怪而又难以解释的现象！

在夫琅和费之后，许多科学家对各种光源的光谱进行了研究。他们分别用牛油烛、电火花、伏打电弧的光穿过三棱镜，在它们的光谱中基本上都会观察到明亮的黄色线，并且也经常会发现其他明亮的线。在太阳光谱中，人们发现了越来越多的黑色线，并将它们都称为"夫琅和费线"。

但是，没人能解释清楚到底是什么导致灯和电弧光谱中的光线会出现明亮的光线，而为什么在太阳光谱中出现的是黑线。一些科学家已经非常接近谜底了，可是仍然没有将它彻底揭开，最后是本生和基尔霍夫成功揭开了这个谜团。

光谱分析术

　　本生和基尔霍夫这对好朋友一开始就制造起分光镜——一种观察光谱的仪器来。

　　在一个晴朗的日子，基尔霍夫带着一个雪茄盒和两只旧望远镜镜筒来到本生的实验室，于是使用这些简单的部件组装了一个分光镜。他们将望远镜的一头割出一条狭窄的缝隙，光从缝隙进入望远镜（这只带有缝隙的镜筒称为平行光管）。不难猜测，平行光管的作用与牛顿的暗室中带孔的百叶窗的作用一样。光线通过平行光管后，落在一个罩着雪茄盒的三棱镜上。为了防止外部光线进入，基尔霍夫在盒子内部粘贴了一层黑纸。

　　三棱镜将来自狭缝的光线折射到一旁，形成一道光谱。就像当年夫琅和费那样，基尔霍夫和本生通过第二个镜筒——窥管观察这道光谱。当然，安装分光镜的工作主要是由作为物理学家的基尔霍夫负责的。但是本生也没有闲着：他准备了最纯净的物质，以便放入火焰里进行研究。多次将各种各样的盐溶解在水里，再从溶液中分离出它们的晶体，然后将晶体进行过滤和洗涤，并再次溶解，一直到获得异常纯净的物质为止。

这原本是一项细致复杂而又乏味的工作，但是本生从小就学会了如何在科学研究中保持耐心和毅力。两位朋友都非常认真细致地工作，并且深思熟虑，因此研究工作很快就取得了成效。

基尔霍夫首先通过一面镜子使一束阳光直射到狭缝，来测试仪器。他透过窥管往里面看，感到非常欣喜，因为里面有一条非常绚烂的光谱在跳跃，上面横穿着黑色的夫琅和费线。之后，基尔霍夫用窗帘遮住了窗户，并在平行光管的前面放置了一盏点燃的本生灯。现在分光镜中呈漆黑一片。

基尔霍夫透过窥管往里看，只观察到了一道很微弱的光。本生灯紧紧地靠近平行光管的狭缝，灯焰比熔化的钢水还热。然而，这种火焰的光几乎没有产生光谱，所以它是如此微弱和黯淡。

当本生开始向燃烧器火焰中注入各种物质的块状物时，情景突然发生了变化。首先，他拿了纯食盐放入灯焰里，化学家们称纯食盐为氯化钠，因为它是由氯和钠组成的。本生用干净的白金丝蘸了一下纯食盐，然后将它放入火焰中。火焰立即变成了鲜黄色，基尔霍夫将眼睛靠近窥管口，他说："我看到两条并排的黄色线，其他的没有了。"

在黑色的背景上，有两道黄色的缝隙。从其他钠化合物的燃烧中可以准确地观察到这样的黄色线。本生轮流向火焰中注入碳酸钠（也称苏打粉、硫酸钠、硝酸钠或硝石）和许多其他种类的钠盐。它们都产生了相同的光谱：黑色背景上呈现出两道明亮的黄色线，并且这两道黄线始终位于同一位置上。

因此，一切都十分清晰明了：由于剧烈加热，钠盐瞬间迅速分解，其中钠变成炽热的蒸气，并且这种蒸气发出恒定不变的黄色调的光。当钠盐完全蒸发后，火焰再次变为无色火焰，然后本生洗净白金丝并烧了烧，接着蘸上几粒钾盐，将其插入火焰中，这时火焰变成了柔和的淡紫色。基尔霍夫又开始观察窥管，沉默了几秒钟。本生问道："看到了什么，古斯塔夫？"古斯塔夫说："我在黑色的背景上看到一条紫色线和一条红色线，它们之间的光谱几乎是连续的，没有单独分开的明亮光线。"

所有锂盐均产生一条鲜红线和一条不太显眼的橙色线。在锶盐的光谱中，映入眼帘的是一条明亮的蓝线和几条暗红色线，每个元素都是如此。事实证明，每种元素的炽热蒸气都能产生固定颜色的光线，并且棱镜将这些线折射到特定的位置上。

基尔霍夫和本生透过分光镜赏心悦目地观察这些美丽的彩色线条。本生用了一个特殊的支架将铂丝直接固定在火焰中，现在，他不需要一直坐在缝隙旁边，而是可以和基尔霍夫一起观察分光镜内部的情形。最后，他们的眼前都开始冒金星了，但是基尔霍夫还舍不得离开，他说："应该将所有过程都描绘出来。我们必须将所有光谱记录在纸上，以便将来有样板进行比较。""等等，"本生阻止道，"我们仍然没弄清楚最重要的事情：如果同时添加几种不同的盐，如同时添加钠盐、钾盐和锂盐，火焰的光谱将呈现出什么样子？"他们立即决定对该混合物进行实验，哪怕进行一个实验，然后休息一下。两人都迫不及待地想知道，通过光谱是否能确定复合物质的不同成分。

决定性的时刻即将到来。基尔霍夫在房间里踱来踱去，用手揉着疲倦的眼睛。本生沉着冷静，就像往常一样，细心地将几种盐混合在一起。最后，他用金属丝蘸了几粒混合物送进火焰，火焰变成了鲜黄色：是钠覆盖了所有其他物质的颜色，但是在分光镜上显示出了什么呢？

基尔霍夫往窥管里望了很久，里面很安静。火焰中盐在不时地噼啪作响。本生长时间地握住电线，手有些发抖。最后，基尔霍夫说："我可以说出您混合了哪几种盐：混合物中含有钠、钾、锂、锶。"本生惊叹道："对！"

他将电线固定在支架上，然后奔向分光镜的镜筒。他在镜筒里看到的情景如下：所有的明亮谱线都分别在自己的位置上发光，其中钠的两道黄色线最明显，而且钾的紫色线、锂的红线、锶的蓝线，也都在宽阔的光谱带上清晰地发着光。

就像在密集的人群中寻找一个人，可以通过声音来找到这个人一样，通过白炽灯蒸气发出的光束找出了混合物中的每个元素。三棱镜将不同元素发出的光线投射到不同的位置，因此，任何一种颜色都无法覆盖住另一种颜色。

　　基尔霍夫和本生可以互相祝贺了，因为他们设定的目标实现了：他们发现了一种研究化学物质的新方法——光谱分析术。

白日点灯，大力求索

日子一天天过去，宁静的金色秋天把海德堡的花园装饰得十分美丽。这座城市被树木繁茂的山丘围绕着，树木闪耀着红黄色，就像光谱的颜色一样。空气清新又凉爽，但是本生和基尔霍夫现在不再将时间花费在长时间的散步上了，他们坐在实验室里欣喜又狂热地工作。工具握在他们手中变得特别神奇，所以他们揭示世界的秘密变得很轻松，就像在童话故事中一样。越来越多的新发现使他们备感欣喜，所以当这两位朋友使用起这种神奇的工具工作时，就孜孜不倦。

分光镜是如此之精巧和灵敏，即使是最复杂、最精确的可以称重一小粒沙子的天平与之相比，也显得相形见绌。你们知道在本生灯的火焰中加入多少钠后，在分光镜中就能出现那对黄色谱线吗？你们也许认为1克、0.5克、1/100克或1/1000克（也就是1毫克）？不是的！只要加入质量少于1/3 000 000毫克的一点钠或钠盐，就足以使本生灯的火焰放射出黄色光谱线，照到分光镜的狭缝中。

你们能想象出，1毫克的1/3 000 000是多少吗？假如在一杯蒸馏水中，溶解了1克重的食盐，然后将这杯溶液倒入容量为5升的大桶中，将桶装满清水来稀释该溶液，接着从中舀出一杯倒入容量为50升的大桶里，里面装满清水，搅拌均匀后取出一小滴，那么这一滴溶液里包含的钠盐大约就是1毫克的1/3 000 000。用分光镜竟然可以检测到如此少量的钠！

这就可以理解，为什么夫琅和费和他以后的科学家们能在任何一盏灯或一根蜡烛的光谱中发现黄色线了。里面的黄色线是钠产生的！因为在灯芯、烛油或其他任何地方寻得百万分之一毫克的食盐都是轻而易举的，钠从各个地方钻入火焰。

本生用手指触摸了最纯净的白金丝，哪怕只是一秒钟，盐已经悄无声息地转移到上面了。因为人的皮肤上分泌有汗水，而汗水是咸的，所以当本生刚将电线引入火焰中时，光谱中就会出现一道黄线。在本生灯附近啪的一声合上一本覆盖尘土飞扬的书时，黄色的火星立即在无色的火焰中跳跃，分光镜则通过黄色线"铁面无私"地报告了钠盐的出现。

如若问，书中的钠到底来自哪里？可以说来自海洋。海风裹挟着海水的泡沫，将看不见的钠盐颗粒带到数千公里之外的内陆深处。这些细小的颗粒在空气中同尘埃一起飞舞，并伴着尘埃四处飞落，所以灰尘一落入本生灯的火焰中，分光镜便会立即报告：有钠存在！

本生和基尔霍夫发现人周围的世界，是一个非常"肮脏"的世界。几乎在所有物质中，即使是在最纯净的物质中，都含有某种"脏"东西。其他一些物质，虽然看上去不包含任何异物，但是分光镜会立即揭露这些所谓的纯净物质的真面目，并证明："存在着杂质。尽管很少，可能只有千分之一克或百万分之一克，甚至更少，但杂质确实存在着。"

就像猎狗通过闻微妙的气味，能搜寻到嫌疑犯的踪迹一样，分光镜在最意想不到的地方也发现了各种微量物质的存在。光谱的明亮线似乎在对两位科学家说："这里有钠存在。这种物质中包含着钾、锶、钡、镁和许多意想不到的其他元素。"

有一天早上，基尔霍夫刚来到实验室，本生的一句声明使他感到吃惊："你猜，我在哪里找到锂的？在烟灰中。在这天之前，锂是最类似于钠和钾的轻金属，被认为是世界上最稀有的元素之一。因为它仅在三四种矿物质中被发现，而这些矿物质在地球的少数地方存在着，并且很难被发现。突然在最普通的烟草中发现了锂！它被一台分光镜追踪了出来，而且锂不仅在烟草中存在！"

本生和基尔霍夫几乎天天能在新地方找到这种元素。譬如，在普通花岗岩中存在着锂，在大西洋的咸水里，河水里和最纯净的水中，到处都是锂。在茶里、牛奶里、葡萄里、人体血液和动物肌肉中也发现了锂，即使在从太空飞往地球的陨石中，也发现了锂。

拥有了分光镜这种武器，本生和基尔霍夫一连数周"搜寻"这些元素。一开始，他们很喜欢在各种石头或化学试剂中发现一系列的秘密元素。但是很快，这种猎取就开始对他们失去吸引力。

他们想要前进一步，梦想发现尚未为人所知的新元素。实际上，在某处可能隐藏着某些元素，但由于它们在自然界中存在的分量极小，迄今为止都处于化学家们的法眼之外。即使在某处的某种物质的存在量少于1克的百分之几或十亿分之几，分光镜也能捕捉到它。那么，这两位科学家为什么不用分光镜来探寻未知元素的踪迹呢？他们两位学者，尤其是本生，而是在白天用灯焰寻找它们。

但是在这如火如荼的寻找过程中，发生了一件惊人的事件，两个朋友完全将新元素抛诸脑后了。在这件事情上，太阳光谱上的黑线——夫琅和费谱线起了主要作用。

太阳光和德鲁蒙德光

"罗伯特，你知道吗？"基尔霍夫曾经对自己的同事说，"我一直在想……。""总是在想新元素？"本生打断了他。"不是，还真不是。我是在思考夫琅和费线，它们表示什么？为什么明亮的太阳光谱被这些线弄得那么斑驳复杂？我们俩已经解释了很多问题，但是这些黑线的起源我们仍然没弄清楚。""是的，确实是这样。但说实话，我现在对新元素更感兴趣。""不，罗伯特！你想一下，在太阳光谱中，为什么黄色钠线与黑色线D线总处于同一位置？我敢肯定这不是巧合。它们之间一定存在着某种联系。"

在这次交谈之后的第一个晴天，基尔霍夫着手仔细研究太阳光谱。他很久以前就在分光镜上安装了一把带有刻度的标尺。现在，光谱的每一条谱线将呈现在标尺的刻度上，因此不可能与其他谱线混淆。

阳光直射到平行光管的缝隙上，三棱镜后面呈现出又大又明亮的连续光谱，里面没有一条明亮的线。光谱中各种线条的颜色均匀地由一种颜色过渡到另一种颜色，只有夫琅和费线的深色线条像栅栏一样，横断在光谱的明亮背景上。

基尔霍夫在刻度尺上找到了黄色钠线的度数。当然，钠线本身不在太阳光谱范围内，但是在这个位置上，在相同的度数上，出现了一条粗的黑色线——双色线D。

然后，基尔霍夫遮住了阳光，在平行光管的狭缝前摆了一盏本生灯，并向灯焰中放入了一点钠盐。现在，在窥管中看到的是两条孤零零的黄色线，而不是五彩缤纷、色彩绚丽的太阳光谱。

就在这时，基尔霍夫想出了一个有趣的主意，接着他决定说："我现在让阳光也照射到狭缝中，将本生灯放在平行光管旁边，让阳光也照在平行光管上，两种光谱是如何彼此重合的，这让我感到非常好奇。"为了使明亮的阳光不完全遮住钠的火焰，他将一块磨砂玻璃放在太阳光线的路径上。然后，温和而柔弱的阳光照在本生灯的火焰上，从那里与炽热的钠的黄色线一起进入缝隙。这时分光镜显示出了什么景象呢？

那里显示出一个普通而又不明亮的太阳光谱。它仅有一个特点：钠的谱线在夫琅和费线D线的位置上发着明亮的光。两种光谱互相重叠在一起。基尔霍夫略微增强了太阳光线的亮度，钠谱线的位置仍保持不变。接着，他让阳光的全部直射光射入钠的火焰，然后射入缝隙里。

在这之后观察分光镜内部，他情不自禁地大叫起来："钠的明亮光线突然消失了，取而代之的是粗的黑色线。"虽然本生灯的火焰像以前一样发射强烈的黄色光线，但光谱中的钠线的位置上出现了黑色的缝隙。基尔霍夫感到十分震惊。

最令他惊奇的是，现在黑线D前所未有地清晰，而且比平常黑得多，并且比其他所有的夫琅和费线醒目。

同时，炽热的钠蒸气产生的明亮光线由于分光镜的三棱镜折射作用，从本生灯的火焰中射了出来，仍射向D线所在的位置。在强烈的太阳光谱的背景下，钠的光线看起来比平时更苍白，基尔霍夫对此一点也不感到惊讶：毕竟，本生灯的火焰要比太阳光弱得多。

然而钠线完全消失了，变成了黑线D，并且这条黑线特别醒目，已经成为一个真正的谜团了。基尔霍夫离开分光镜，思索着走到窗户前。他的脑子正在高速运转。他喃喃道："似乎在我的双手中就握有解决这个有趣问题的钥匙。"

本生当时不在实验室，基尔霍夫叫来助理，吩咐他在分光镜前安装了可以发出名为德鲁蒙德光的仪器。

为了获取德鲁蒙德光，需要同时从两个试管中释放出氢和氧两种气体，并将它们点燃。氢气在纯氧中燃烧会产生很高的热量，将这种炽热的火焰再投射到纯石灰棒上，火焰碰到石灰，石灰被烧得炽热后，开始发出耀眼的光。

用这种方法获取的光是英国人德鲁蒙德①发明出来的，因此将它命名为——德鲁蒙德光。

炽热的石灰不会像发光的蒸气那样，产生一条条分开的明亮光线，而只是连续不断而均匀的光谱，上面没有任何明亮的光线。这个光谱很像太阳光谱，不同点在于，上面没有一条黑色光线。

但基尔霍夫需要德鲁蒙德光做什么呢？这种光扮演着人造太阳的角色。他先让德鲁蒙德光穿过钠的火焰，然后进入分光镜。因为他想看看，钠的黄色线在这种石灰光的连续光谱下，会产生什么变化：是与在明亮的太阳光谱上表现出的特征是相同，还是不同呢？

首先，他绕过黄色的含钠火焰，直接将德鲁蒙德光射入缝隙。在分光镜显示出纯净的连续光谱，上面没有一条黑色线或亮色线。然后，他将饱和盐的本生灯的火焰推到缝隙面前，搅乱了德鲁蒙德光。紧接着，在德鲁蒙德光谱的黄色部分出现了深色的双色线D。"人工夫琅和费线！"基尔霍夫自言自语道，"原来是这样的！我好像已经明白是怎么回事了。为了使光谱中产生黑色线，必须使光通过另一个发光体，穿过加热的蒸气。显然，钠的火焰不仅自身会发出黄色光线，而且还会吸收外来的黄色光线，

———————————

①德鲁蒙德（1797—1840），英国工程师。——译者注。

即来自不同光源的同色调光线。钠的火焰捕捉了它们，不会放任它们进入缝隙。在德鲁蒙德光的光谱上的黑色线会出现在黄色线的位置上，就是这样的原理在起作用。确实，从本生灯本身发出的黄色光线仍然落在这个位置，但是与德鲁蒙德的强光相比，它们太弱了。因此，我们的眼睛望去，在明亮的德鲁蒙德光的光谱或阳光的光谱上，黑色缝隙看起来是黑色的。"

此时，本生已经回到实验室，发现自己的朋友非常激动。基尔霍夫话说得很急、很快，而且没有条理，反复重复着自己的发现。为了在本生面前演示夫琅和费线是如何生成的，他重复进行了所有的实验。"这些谱线是我自己制造的！"他说道，"以后实验员在实验室里可以随意制造夫琅和费线了，原理就是这样的！"

太阳的化学

　　那天晚上，基尔霍夫长时间无法入眠。他翻来覆去地进行思考，并且越想越激动，以至于最后失眠了。早晨，他满面倦容地来到了学校找本生，本生这时刚上完课。"罗伯特，"他没有进行问候就开始说了，"我反复想了想昨天的发现，它使我得出了非同寻常的结论，简直是大胆的结论，连我自己都不敢相信……"

　　"什么结论？怎么回事？"本生惊讶地问道。"太阳上有钠存在！""太阳上有钠存在！你想说明什么？""我要说的是，光谱分析不仅可以对地球上的物质进行研究，而且还可以用来研究天体。我们根据光谱上的明亮光线了解地球上的元素，而太阳上面的元素，我们可以根据夫琅和费线来进行判断。"

　　这确实是一个大胆而又绝妙的想法：竟然要像分析某种矿物或土块一样来分析太阳和星体！不过基尔霍夫是这样推论的：太阳的中心是密度很大的超热核心，这个核心被稀薄炽热的气体层环绕。射向地球的太阳光来自密度极大的太阳炽热的核心表面。这种光包含一切颜色的光线，拥有成千上万的色调。如果它不必首先穿过炽热的太阳大气层，那么所有光线就会完全到达地球，而且太阳光谱将会像德鲁蒙德光的光谱一样纯净且连续。

但实际上，太阳光首先会穿过大气层中的炽热气体。这些气体也在放光，但比太阳炽热的密度大的核心区域发出来的光弱得多。

因此，太阳大气的特性与基尔霍夫实验中的钠的火焰相同：它会吸收并滞留部分太阳光线。究竟滞留了哪些光线呢？正是太阳大气中包含的元素发出来的光。当太阳光冲出大气进入宇宙空间时，已经减弱了而且变稀薄了，而且里面缺少很多光线。

因此，当到达地球上、进入分光镜时，它不但能产生连续的明亮光谱，而且呈现出被夫琅和费线隔断的彩色光谱。黑线D处于淡黄色钠线通常所处的位置上，这意味着太阳的大气中包含有炽热的钠蒸气，基尔霍夫对这点深信不疑。然而，也可能是黑线D恰好与黄色的钠线重合吧。尽管德鲁蒙德光的实验表明，这里不可能存在偶然性，但我们不妨假设一下。虽然只是假设，但又如何解释铁的谱线的巧合性呢？

基尔霍夫和本生借助电流获得了炽热、发光的铁蒸气，并绘制了光谱。在铁的光谱上，他们数出了六十种不同颜色的明亮谱线。

他们将这个光谱和太阳光谱比对了一下，结果如何呢？铁的每条明亮光线都与太阳光谱中的黑色线重合，它们具有相同的宽度和清晰度。难道这六十条线也是偶然重合吗？当然不是。这些线必然会重合，因为在太阳的大气层中含有以炽热蒸气形式存在的铁，并且它们能吸收自身释放的所有射线。

除了钠和铁之外，基尔霍夫以同样的方式在太阳上发现了大约三十种不同的元素，其中有铜、铅、锡、氢、钾等许多地球上也存在的其他物质。这一对志同道合的朋友一直在寻找一种能分析地球上化学物质的简易方法，却找到了分析太阳的方法！

1859年10月20日，基尔霍夫向柏林科学院寄送了有关自己发现的第一份报告。之后，又飞快地发送了一份新报告，基尔霍夫用数学计算证明了炽热气体确实会吸收自己发出的光线。这样，基尔霍夫用理论巩固了自己的实践。同时，他又坚持不懈地进行几种深入的实验和研究，而且这些实验和研究全都证实了同一个事实：太阳上存在着许多与我们地球上相同的最普通的物质。

关于这个新发现的消息传遍了全世界。现在，每个有一定学识的人都要重复基尔霍夫和本生的名字了。这两位科学家生活在地球上，竟然设法揭示了距离我们千百万千米以外的天体的成分！那么对人类来说，现在是太阳失去了大部分神秘性，在这之后，星体们也将会失去神秘性。

铯和铷

1860年5月，又有一封信从海德堡邮局寄到了柏林科学院，但是这次的发信人不是基尔霍夫，而是本生。当基尔霍夫将所有时间都致力于研究遥远太阳上的炽热大气层时，他的朋友并没有忘记探究地球上的事。本生一直在寻找新元素。他在瓦斯灯的火焰或电火花的放电中对数百种物质进行了实验，其中有矿物质、矿石、盐、水、植物的灰烬和动物的肌肉等。分光镜每天接连不断地向他报告数十次：有钾、有钙、有钡、有钠、有锂……

本生对每一条谱线都了如指掌，就像熟悉卧室外的景色一样。他能根据线在光谱上的位置、阴影和亮度，在数十条线中准确无误地识别出每条线，甚至不用看标尺上的刻度。闭上眼睛，他可以在脑海中清晰地想象出任何一种元素的光谱，就像在图表上一样，带有细微的浓淡差别及逐渐变化的色调。晚上做梦他都能梦到黄色、红色、蓝色、紫色的线条分布在彩色或黑色的背景上。

于是有一天，本生在这些光谱线中发现了几条陌生的新光谱线。这是在他研究杜尔汗泉水时的收获。那是一种味道又苦又咸的普通矿泉水，医生将它开给患者，来治疗各种疾病。本生将它纳入研究之列并不是偶然的，它是与其他数十种物质一同被研究的。本生首先将泉水蒸发，等它变稠后，取出一滴滴入瓦斯灯的火焰中。

起初，分光镜并没有报告任何特别的东西，只是报告说其中含有钠、钾、锂、钙、锶，但是本生不愧是具有敏锐直觉的分析大师。他推断道："这些物质在杜尔汗泉水中含量非常高，所以它们的谱线闪烁得过于明亮。另外，钙和锶也放射出许多不同的谱线。因此，如果在这滴液体中还存在着其他微量的未知元素，那么这种微量元素的微弱光谱可能会辨别不出来。必须将钙、锶、锂这三种元素从中提取出来，以免它们对其他谱线进行干扰。"于是他从液体中去除了它们，在液体中仅剩下钠盐、钾盐及少量的锂残留物，然后他再次将这一小滴液体滴入瓦斯灯的火焰。本生透过分光镜看了看，他内心情不自禁地紧张起来。

在熟悉的钾、钠和锂的光线中隐藏着两条未知的微弱的蓝色光线。由于怕出错，本生立即翻阅由他和基尔霍夫一同绘制的彩色光谱图表。不，这时没有一种元素放射出双蓝线。锶确实发射出蓝线，但只有一条，而在这里，蓝色谱线肯定存在着两条，至于锶其他的谱线，这里并没有出现。难道说，在这里出现了一种新元素的谱线？

本生一滴一滴地将这种液体加入火焰，但两条蓝色谱线仍待在原处一动不动。于是，看着这对蓝线，本生突然回想起了儿时读过的，但快被遗忘的哥伦布的故事。

那是关于西班牙一位海军上将的故事，讲述了他在1492年乘坐一艘普通的帆船驶向了人类未知的海洋。三十三天内，水手们只见到了水天一色的景象。他们的希望一次次地被恐惧和绝望所覆盖，有时绝望又变成了希望。最后，有一天晚上，在无边无际的海洋沙漠里，哥伦布突然发现远处有一道微弱的火光在闪烁。来自未知陆地若隐若现的微弱信号，是多么扣人心弦啊！哥伦布站在船头上，感动的泪水顺着他的脸颊流下。他试图凭幻想和强烈的想象力解读夜晚的秘密：在那片闪烁着微弱灯光的未知大陆上，到底有什么呢？那是大陆还是岛屿，平原还是山脉？在黑暗的夜幕中到底潜伏着什么样的奇迹？也许，那里是富裕城市，里面居住着许多面容无比俊美、身材强壮的居民，房顶上铺满黄金色的瓦片，桥梁上铺着像如香瓜般大的钻石？或者那里只是一片荒无人烟的沙漠，在沙漠边缘坐落着原始居民稀稀落落的棚舍？

当时谁能说出，在闪着幽灵般的火光后面的未知陆地上隐藏着什么东西？同样，现在谁又能分辨，是什么样的未知物质潜伏在杜尔汗的泉水中，发出两道像天空一样湛蓝的光束呢？

海德堡的化学家本生并不像多愁善感的水手哥伦布。当然，当他通过分光镜观察到未知物质的信号时，他的眼眶里没有泪水，然而站在期待已久的发现的门槛上，他在那一刻也体会到了那种极致的快乐。本生决定将新元素命名为铯，拉丁语的意思为"天蓝色"。铯的印迹是正确的。现在只剩下追随着它的轨迹，找到发出蓝色光线的物质。必须将它从混合物质中提取出来，并分离出它的纯净状态，还应该观察一下，它到底是什么样子的。

但是这不是一件容易的事。杜尔汗泉水中的新元素含量极少，一杯水只含有一小撮儿的铯，一克的1/4000。如果本生想要得到一二十克的新物质来贮存在实验室的烧杯中，那么他将不得不一生都坐下来摆弄杜尔汗泉水，将它蒸发，然后再用化学试剂进行加工处理。

他采用了另一种快捷的办法来得到新元素。在海德堡附近有一家生产苏打的化工厂，工厂内有大锅炉、大水箱、大型熔炉和机械泵。本生与工厂老板商量了一下，请他帮忙提取新物质。在几周之内，按照化学技术的所有要求，工厂蒸发、处理了44 000升矿泉水。本生从这么多的矿泉水中仅提取了7克纯净铯盐，但是同时，他也发现了另一种新的物质。

事情的全部经过如下所述。

本生是一步步得到铯的，他从杜尔汗泉水中分别一次除去一种、一次除去两种、一次除去三种其他的元素。最后，混合物中仅剩下两种盐——铯和钾。当他们开始一点一点过滤出钾盐时，分光镜出乎意料地发出了信号：混合物的光谱中出现了两道新的紫色线，随后还有绿色、黄色，尤其是明显的深红色线。在杜尔汗泉水中还藏有一种新元素！算起来这已经是第五十九种元素了。本生将它命名为铷，在拉丁语中的意思是"暗红色"。在本生加工的所有杜尔汗泉水中，它的含量比铯要多，整整有10克啊！

"烈性"金属又现身

7克和10克——这样的物质备用量的确不大。但是对于像本生这样精细的化学大师来说，这样的备用量足够了。他设法巧妙地从这17克物质中获得了许多铯和铷与其他"老"元素不同的化合物。

他又研究了新化合物的所有特性，譬如，它们的味道，它们在水中的溶度是多少，它们晶体的大小，必须加热到什么程度，它们才能融化，等等。原来铯和铷与戴维发现的有名的"烈性"金属钾、钠及第三个"兄弟"——锂非常相似。

尽管铯和铷比锂、钠和钾略重，但它们均为很轻的银色金属。

它们也像蜡一样柔软，甚至比钠和钾还要柔软。它们也能在空气中燃烧，从而变成苛性碱。

它们也能在水面上燃烧，噼啪地在水中乱窜，甚至比钾和钠更疯狂。并且，就像戴维发现的金属一样，它们也只能在纯煤油中贮存。

铯和铷的氯化物，外观上与最常见的食盐（化学家称氯化钠）没有什么区别，甚至连最有经验的厨师，都会毫不犹豫地将它们当作食用盐，放入汤中。

铯和铷的硝酸盐，很像普通的硝石，化学家称它们为硝酸钾，可以用来制作上等的火药。苛性铯和苛性铷这两种盐，就像苛性钠和苛性钾一样摸起来很滑，味道像肥皂。即使是最有经验的肥皂制造商，也不会注意到其中的差别，并且会心安理得地用它们制造肥皂。

你们相信吗？这样制成的肥皂很好用，但是这种肥皂的价格非常贵，每块值五百块金卢布。

展望未来

有些读者，也许很早就想问这样的问题：基尔霍夫和本生取得了惊人的发现，他们发明了光谱分析法，了解了太阳的成分，找到了两种稀有元素，要不是它们比黄金贵的话，那么它们的化合物就可以用来制造肥皂和火药了。可是这些发现的用途是什么，它们会给技术和工业带来什么好处呢？

是的，它们带来了很多好处，但并没有立即见成效。重大的科学发现并不会立竿见影地给人们带来实际效益，但是到最后，它们总会产生成果的，有时会出现在人们最意想不到的地方。

当本生在杜尔汗的泉水中发现了稀有金属铯时，他没有想到这种新元素会用于电视机的生产。当时他无法想到这点，因为那时还没有电视，甚至连最简单的无线电报机都没有，而现在电视生产需要使用铯制造的光电管。

当基尔霍夫和本生将分光镜指向太阳或瓦斯灯的火焰时，他们从未料到他们的发现会被飞船的建造者运用。他们也不可能想到这些，因为那时还没有飞船。

然而几十年过去了，海德堡科学家们的工作成果对气球驾驶员非常适用。在下面一个章节中，你们将会知道是怎么回事。

多亏有了分光镜，有朝一日人们学会了制造长久耐用的电灯泡，这一点连基尔霍夫和本生也始料未及。

在1859年，世界上还没有出现电灯泡，因此，既没有容易坏，也没有耐用一说。随后，人们借助光谱分析术学会了延长灯泡的寿命。看上去，这之间可能不存在任何关系。

继续阅读吧，你们将会知道这些千丝万缕的联系。基尔霍夫和本生的发现给技术和工业带来了很多好处，而且已经数不胜数了。

太阳的元素

很快，世界各地就出现了基尔霍夫和本生的模仿者。

借助分光镜发现未知元素的消息激起了许多化学家的兴趣。科学实验室陆续购置了这种新武器，利用它可以富有成效地攻克太阳和水滴中的难题。

化学家们在火焰中加热各种各样的物质，仔细观察它们的光谱，寻找新的谱线。他们大找特找，终于找到了！

在1861年，英国人克鲁克斯[①]从化工厂生产硫酸的铅室底部收集了一种特殊的淤泥。他在这种淤泥的光谱中观察到了一条未知的绿色线，这样就发现了重金属——铊。

两年后，德国化学家利赫捷尔和莱克斯在一种锌矿石的光谱

[①]克鲁克斯（William Crookes，1832—1919），英国化学家和物理学家，是化学元素铊（第81号Tl）的发现者和辐射计的发明者。他还发明了一种克鲁克斯管，这使得发明日光灯成为可能。他还发现和研究辐射效应等，为后来X射线和电子的发现提供了基本实验条件。——译者注

中观察到了一条新谱线，它是靛蓝色的。产生这种谱线的元素被称为铟，铟原来也是一种白色的金属。

五年后，科学家们再次意外地发现了一种未知元素的线索，但是这次不是化学家，而是天文学家。在光谱上又发现了一条新的谱线，但不是在地球的光谱中找到的，而是在太阳的光谱中找到的。这次发现是在日食期间。

法国天文学家让森①和英国人洛克耶②将分光镜的镜筒对准太阳，在通常是黄色钠线所在的位置发现了一条明亮的黄色谱线。在日食期间，月亮覆盖了太阳的整个发光区域，仅炽热的太阳大气的几层外层覆盖在黑色阴影的上方，还能畅通无阻地将微弱的光射在地球上。这种光的光谱与带着深色的夫琅和费线的普通太阳光谱完全不同，让森注意到一条未知的黄色光线。

发出这些黄色光线的元素是什么？谁都知道！不能将太阳放在化学烧瓶中加热，也不能放在工厂锅炉中蒸。

---

① 皮埃尔·朱尔·塞萨尔·让森（Pierre Pierre Jules César Janssen，1824—1907），法国天文学家，氦元素的发现者。——译者注

② 洛克耶（Lockyer，Sir Joseph Norman，1836—1920），英国天文学家，是研究太阳黑子光谱的第一人。日食期间让森在研究太阳的光谱，他注意到有一条谱线他认不出来。他寄了一份关于这事情的报道给了洛克耶——一位公认的太阳光谱专家。洛克耶把所报道的谱线的位置和已知元素的谱线加以比较，断定它属于一种迄今未知的元素，可能地球上甚至不存在。他把这种元素命名为氦，这是从太阳的希腊语来的。——译者注

"太阳上有一种未知的元素，以前从未在地球上遇到过"，这就是科学家们对让森的发现所能做出的评价，再也说不出多余的观点了。

他们将这种元素命名为氦（在希腊语中，氦的意思为"太阳"）。他们虽然给这种元素取了名字，但是氦是什么，它是什么样子的，拥有什么特性，没人知道。可是识破太阳物质之谜，不也是件很有趣的事情吗？

它是否类似于地球上的元素，还是另一种完全不同的事物，要是能知道答案，那将是一件很有意思的事。难道只有在等到人们学会用火箭飞向太阳之后，才能揭晓这个问题的答案吗？说不定，氦气的秘密，在你们读完这本书之前，就已经揭露出来了。

先听听俄罗斯化学家德米特里·伊万诺维奇·门捷列夫在办公室的写字台上发现了几种新元素的故事吧！他从来没有用肉眼或用分光镜观察这些元素，而是仅凭自己聪慧的头脑和先见之明发现了它们。

第四章

门捷列夫周期律

化学的迷宫

1867年，圣彼得堡大学邀请年轻的科学家德米特里·伊万诺维奇·门捷列夫来担任基础化学课程的教授。在全国一流大学里教授基础化学课程是一种崇高的荣誉。这位33岁的教授决定竭尽所能做好工作，不辜负这一项荣誉。门捷列夫开始全力以赴地准备讲义，他埋头在书堆里。

门捷列夫翻出自己多年来在求学时代和科研活动中积累的笔记、札记和著作，又埋头在世界各国成百上千位化学家数十年来创建的无数事实、实验及规律的海洋中。

这些手头的材料，用于准备一门大学课程已经绰绰有余了，但奇怪的是，门捷列夫越是深入这已熟知的科学丛林，就觉得任务越艰巨。

秋天，门捷列夫出现在教研室里。他的讲座轰动一时，极其成功。当有名人来做讲座时，学生冲进教室就像涌进剧院一样。那时的听众有来自其他学院的律师、历史学家、医生，还有其他学校的人，在讲座开始之前他们就已经占好座位，有的站在过道上，有的成群地挤在门口，还有的站在讲台旁边。这样的排场很少在大学教师的身上出现。然而，门捷列夫内心深处并不满足于此。

他开始编写一本新的基础教程——《化学原理》。他在自己演讲稿的基础上迅速而轻松地撰写了论文，学生们翘首以待，等着这本书的出版。

然而这本书也没有让门捷列夫感到心满意足，因为它并没有达到预期的目标。现在，化学科学对门捷列夫来说，就像一片没有道路和小径的丛林。在这片密林里，有时候他感觉自己从一棵树走向另一棵树，只是对它们进行个别的描写，但是这里有成千上万棵树木。

当时化学家知晓六十三种不同的元素。每种元素和其他元素结合都会生成数十种、数百种甚至上千种不同的化合物，譬如，氧化物、盐、酸和碱，化合物里有气体、液体、晶体、金属等，其中有的没有颜色但很明亮，有的无臭无味，有的硬，有的软，有的辣，有的甜，有的重，有的轻，有的稳定，有的不稳定，而且没有一种物质完全和另一种相似。

世界是由形形色色的物质构成的，化学家们对所有这些物质都进行了细致的研究。对于其中的每一种物质，化学家们都进行了细致入微的了解。

他们确切地知道如何制备这些物质，以及哪种制备方法更有效。他们对每种晶体的颜色、形状、比重、沸点和熔点等都进行了测定，并且对这些特征进行了描述，而且记录到了手册和参考书中。他们还对冷热、电流、压力和真空对于化合物的作用进行了研究，并且测试了它们如何与氧和氢、酸和碱进行化学反应，如何相互结合，如何分解和如何再生成，以及在这过程中释放出多少热量或冷却了多少热量……

不计其数的化学物质的特性数周、数月都描述不完。我们讨论得越多，听众对化学的了解可能就越少。因为在这种混乱的世界中没有丝毫的统一性，也不存在系统。难道构成我们世界的事物是真的如此随机地组织起来的吗?

门捷列夫想在学生面前展现物质统一、和谐的图景，想向他们展示宇宙物质构造的主要规律，但是他在所钟爱的科学中既没有发现统一性，也没有发现和谐性。的确，种类繁多的物质都可以归结成为数不多的元素，然而就在这小部分的基本元素当中，混乱、无序和偶然性就开始出现萌芽了。我们对一些事实一无所知，譬如，金属镁比碳更易燃，铂可以贮存数千年而不会发生任何变化，而氟是如此容易发生化学变化，能瞬间腐蚀贮存它的玻璃容器。这里显然看不出任何规律性! 如果这些元素具有完全相反的性质，譬如，铂腐蚀了玻璃，而氟是所有物质中最"温柔的"，好像化学家们也不会感到惊讶。

每种元素都有其特殊的属性，这似乎是物质偶然性的表现。在物质的这些初级形态之间，或者说至少在其中许多形态之间，似乎没有一丁点儿的联系。

大多数化学教授对此种情形并不感到奇怪。他们认为："如果在物质世界中没有自然秩序，那我们就按照适合自己的秩序来描述元素好了。"他们通常喜欢从氧气开始讲起，因为氧气是自然界中最为丰富的元素，而一些人更喜欢从氢讲起，因为氢在元素中的分量是最轻的。

如果根据这样的规则，人们也可以从铁开始讲起，因为它是最有用的元素；可以从金开始，因为它是最昂贵的物质；或者从最稀有的铟讲起，因为它是"最年轻"的元素（新发现的元素）。

这和从哪个方向进入茂密而杂乱无章的森林有什么区别呢？从哪里进入都无所谓，因为走不到两步，就发现已经没有路了。

门捷列夫不想在这样的迷宫中徘徊，在准备大学课本《化学原理》的过程中，他就在坚持不懈地探究所有元素都遵循的一种普遍的自然规律。虽然各种元素看上去千差万别，但元素之间一定存在着潜在的规律，他正在竭尽全力寻找这种规律。

原子量

其实，并不需要具备多么强的洞察力，就能注意到某些元素间惊人的相似之处。双胞胎元素、三胞胎元素不仅仅存在于戴维和本生发现的"可燃"金属一族中，化学家们早就知道还有其他类似元素的组合，例如，卤素一族：氟、氯、溴、碘；碱土金属一族：镁、钙、锶、钡。

门捷列夫认为这种现象绝非偶然，所有的元素之间一定存在着某种潜在的依存关系，而且在一切元素内部，应该无一例外地存在着某种共性的特征，这种特征决定了它们的相似性和差异性。

如果能知晓这种规律，就可以将所有元素和它们的化合物按照一定顺序排列，就像士兵按身高排成一队一样。

那么决定元素在物质"排序"中位置的基本性特征或决定性特征是什么？也许，是物质的颜色吧？

但是，元素的颜色是什么呢？譬如，磷就分为黄色和红色的磷，那磷的元素的固有颜色到底是哪一种呢？又譬如，固体形式的碘呈黑棕色，具有金属光泽，但如果对它加热，它就会变成紫色蒸气。如果将金制成箔的话，它就会变成蓝绿色，透明的如云母一样。不，由此可以看出，颜色太不稳定，根据颜色无法确定元素的自然顺序。

那么，也许是密度①吧？但这是一个更加不确定的特性，因为只要稍微将物质一加热，它的密度就会改变，变得比较轻。

基于同样的原理，元素的导热性、导电性、磁性及许多其他物质的特性都不适用。显然，应该存在着某种永久不改变的基本特征，否则就无法想象元素是什么样的。因为元素的特征，就像人的脸，这种基本的、固有的特征，即使在这种元素与其他元素化合时也不会失去，形成的新物质也具有自己的特性。真的会有这样的特征存在吗？

对于这种标记性特征的想法如影随形地跟着门捷列夫。他不断地思考、计算、比较。是的，有这种特征存在，有这样一种标记，门捷列夫知道它，所有化学家也都知道它，但是很少有人对它高度重视。它就是"原子量"。每种化学元素都有自己的原子

---

① 密度是物体的质量与体积的比值，通常以1立方厘米含有的克数为单位计算。在4摄氏度时，水的密度为1克/厘米³，因此，比重大小表示一定体积物质的质量是相同体积水的质量的多少倍。在15摄氏度下，铁的密度为7.8克/厘米³，这意味着1立方厘米的铁比1立方厘米的水重7.8倍。——原注

量，它是从实验中测定出来的。无论物质是冷是热，是黄色还是红色，原子量都相同。原子量在任何情况下都不会改变。这是元素的"身份证"。

元素的原子量告诉我们，每个原子（元素的最小粒子）比最轻的元素——氢重多少倍[①]。例如，氧的原子量为16，这就是说，氧原子比氢原子重16倍。

金的原子量为197，意思是说，金的原子比氢的原子重197倍。

原子的大小（构成每个元素的最简单的粒子）取决于原子量。同一元素的所有原子大小都完全相同。每种元素的每个原子与其他元素的每个原子的不同之处主要在于大小和重量。至于元素的其他特性，都应依赖于这种基本特征。门捷列夫在仔细比较了所有元素的性质后得出了这个结论。

他看出来了，也猜测到了，根据这一重要特征，他有可能摸

[①] 在发现元素周期定律近半个世纪后，人们发现，一种元素内不一定所有的原子量都相同。许多元素具有变种，即所谓的同位素。有的同位素的原子量更轻或更重，但所有的同位素都具有相同的特性。因此，就自然界中的氧来说，如果氧-16的原子有100 000个，那么氧-17的原子数量就有40个，氧-18就有200个，就连最轻的元素——氢还有两种同位素，它们分别是原子量为2的氘和原子量为3的氚。就自然界中的氢来讲，如果有100 000个氢-1原子，那么就有15个氘-2原子，氚-3是放射性的，在自然界中遇不到。任何元素的原子量不仅取决于它的同位素的原子量，还取决于这些同位素在自然界中互相混合的比例关系。——原注

索到使元素产生异同的其他规律。这里也放着开启物质统一性和规律性的钥匙，这就是门捷列夫要实现的目标。

只要学会使用这把密钥，问题就解决了。

通往这里的足迹模糊不清，错综复杂。为了不迷路，为了更清楚地看到元素之间的联系，门捷列夫从纸板上切下了六十三个矩形卡片，在每个矩形卡片上写下每种元素的名称、其主要性质和原子量，然后他玩起这副纸牌来，摆纸牌阵占卜。他将各种卡片进行排列组合，改变它们的位置来寻找元素内部的统一规律性，也就是所有物质都遵循的统一法则。无论在教研室、实验室，还是大街上或家中的办公桌前，他日日夜夜都在思考元素的这种自然系统。

元素排成队

在1869年春天来临之际，自然元素系统已经被发现了。后来，门捷列夫又研究了这一系统的所有细节，并向俄罗斯物理化学学会做了报告。他的发现，大致如下。

所有化学元素都组成了自然序列。这个序列从元素氢开始，它是元素中最轻的元素，由最简单的原子组成，其原子量为1。元素序列的最后一种元素是金属铀，它的原子量为238，是原子量最重的金属[1]。其他的元素，可以根据年龄，也就是原子量多少来排序，原子量越大，位置就越靠后。每种元素的所有特性，它的外观、稳定性，与其他物质结合的能力，以及所有化合物的特性，

----

[1] 除铀-238外，自然界中还存在着两种铀的同位素，它们的原子量分别为235和234。铀-235是铀-238的1/140，在释放原子能方面起着重大的作用。如今，铀已非化学元素序列中的最后一个元素了。自本书面世以来的20年中，科学家已经人工制造了10种超铀元素，我们将在本书末尾进一步讨论这一点。——原注

都取决于该元素在序列中的位置。

更有趣的是：根据原子量排列的元素会自动分解为相似的组，同源物质的族。打个比方，想象一下一群身高不同、穿着不同颜色衣服的人。乍一看，这里的一切似乎都是偶然的，混乱无序、形形色色的，但是一声令下，所有人都按照高低顺序排队，就出现了一个意想不到的巧合：当人们根据身高排成一列时，多样性自己就消失了。现在，他们衣服的颜色按照一定顺序重复着。前面七个最矮小的人发现自己相继穿着红色、橙色、黄色、绿色、浅蓝色、蓝色、紫色的衣服。接下来的七个人的衣服也是这些颜色，并且顺序相同。

依此类推，一直排到后面七个最高的人。每隔七个人，衣服颜色就重复一次。如果每七个人一组，进行排队，排在另一组的后面，那么，以前杂乱无章的人群，将分成相应的红色、橙色、黄色等七个小队。同时，整个队伍严格按照高低顺序排列，前排左边那个人的身高最低，最后一排最右边那个人的身高最高。

当门捷列夫根据原子量排列元素时，他就发现了大致相似的顺序。元素每相隔七个，属性周期性重复。相似的元素总是规则地排成一行。因此，原子量为7的轻金属锂，排在氢的后面，位居第二。第九位是钠，它的原子量为23，也是一种金属，很轻，像锂一样活泼、易燃，而且会很活跃地与其他元素化合。

可燃的轻金属钾排在第十六位，它的原子量为40。然后每经过规定的间隔或周期，就有碱金属——原子量为85.5的铷和原子量为133的铯，先后加入这一行列。

在这一列最轻的金属中，性能从上到下逐渐变化。最轻的锂同时是最"平静的"：进入水中时，它只会变热并发出咝咝声，但不会像钾或铯那样燃烧。锂在空气中生锈的速度也比它的同族兄弟们慢。钠比锂更活跃，钾更具活跃性，序列中最后一种金属铯最重，最容易与其他金属化合。铯在空气中一秒钟都停留不了：它自己会立即自燃。

所有元素都归入或多或少相似的族群或家庭，并且在每一行中，元素的性质，乃至它们化合物的性质，都会随着原子量的增加而依照严格的次序逐渐变化。因此，乍一看混乱的物质世界，就显示出惊人的和谐性。一切从外表上看上去似乎都是偶然和混乱的，在这多样性的背后，门捷列夫窥探到了内部统一性，铁一样的定律，他称这种规律为周期律。

是化学还是相术

可是在门捷列夫之前没有人注意到元素之间的这种自然联系，这难道不奇怪吗？根据原子量的值逐行写下元素，这似乎是很明智的，周期规律便会自然而然地排列开来。

乍看上去，就仅此而已。难道除门捷列夫外，没有别的化学家想到过这么简单的事情吗？这看上去就像按字母顺序排列元素那般容易！是的，其他化学家也进行了类似的尝试，但是只有门捷列夫能够发现周期性定律，并将其用于科学的进一步发展当中。因为在实际上，这并非易事。

现实中，元素之间的真正联系是纷繁复杂的，简直令人难以置信，像密码一样难以破解，而且化学家需要具备出众的思维能力、非凡的想象力才能揭示出这种复杂的化学密码。

设想一位侦察兵，偶然获得了一份加密文档和开启文档密码的方法。他迫不及待地打开两卷文档，准备阅读，但是当他开始对照时，突然发现自己被骗了。他得到的是开启文档秘密的错误方法，其中的一些符号显然顺序不对，有些完全缺失，31个字母应对应31种符号，而实际上只有25种或20种符号。

假设第一个符号代表 A，那第二个对应什么，是 Б 还是 В，又或者是 Г？着实无法猜测。在这些空格中，这些丢失的符号使整个方法失去价值，因为接下来的符号，难以确定地说对应着哪个字母。门捷列夫发现周期性定律时，也处于同样的困境。

他根据元素的原子量排列元素，但是他不知道某些元素的原子量计算得不准确。使用当时的研究方法，错误是不可避免的，但是那些错误直到很多年后才得以澄清。于是这些元素带着伪造的身份证出现在门捷列夫的"纸牌阵"中，而且还鸠占鹊巢。

正因为如此，元素的自然顺序被歪曲了，相似的元素排成的族群遭到了破坏，它们被"外来入侵者"打乱了。

门捷列夫所知道的元素只有六十三种，这是由于"缺少符号代码"导致的，但是他不知道自然界中是否还存在其他的未知元素。

想想我们之前提到的穿着彩色衣服，按照身高排列次序的人。设想一下，如果突然有五到十人从队伍中溜走了，那么，局面就会变得混乱不堪，各种颜色会混在一起，原来井然有序交替的现象就不再出现了。对于许多元素来说，情况可能也会如此。

门捷列夫要想将所有知道的元素排成一张表，谈何容易？那些元素，就像未经训练的士兵一样，拥挤到一起，破坏了整个队列。门捷列夫凭借他的天才力量，迫使它们待在自己的位置上。在出现混乱的地方，他毅然决然地整顿了秩序。

排在第4位元素硼下面的元素是11号，接着是第18位元素钛。它们之间差了整整六个要素，这种周期间距是正确的。但是钛在硼和铝的族群中，显然是异类，它属于相邻的碳族群。因此，门捷列夫决定将钛从第18位上移开。他确信："肯定还有一种未知元素，它的特性类似于硼和铝！"于是，门捷列夫将这里空出来。如果跳过钛，那么钛就属于与自己相关的碳族群了。在钛之后的元素，则不用再破坏周期表的结构，可以按原子量递增的顺序依次进行排列了。

通过这张表，门捷列夫将这些元素分别安置在自己固有的位置上，不会破坏元素周期律。不过，门捷列夫并未让这些位子真空着，他自己编造了一些新元素，将空着的位置填满了。

他给它们取名为埃卡硼，也就是硼加一（"埃卡"在梵语中的意思是一）、埃卡铝、埃卡硅。他凭借自己天才的想象力，提前预测了这些未知物质的性质，甚至描述了它们的外观、原子量以及它们与其他元素化合而成的化合物。

这些预言既没有借助魔术，也没有借助超自然的能力。要知道，空格中的未知元素并不是孤立存在的。它们的特性虽然无人知晓，但是它们站在周期表中特定的位置上，处于相似的元素中间。

虽然无人知晓它们，但可以根据相似元素的特性，简单地推测这些物质的性质。门捷列夫之所以这样做，是因为他坚信自己所发现的周期律的正确性。

然而在许多其他化学家眼里，这是一种胆大妄为的行为。"设想一些不存在的元素，并为这些鬼魂赋予各种特性，还将它们写入精密科学的教程中！所谓的精密科学，仅与实际存在的、可触摸到的、无可争辩的真实物质相关！这是化学还是手相学？这是科学著作，还是预测未来的占卜书？"

大多数科学家对门捷列夫的自然系统以及他所预言的元素都持有类似的批评态度。只有事实可以改变怀疑者们的看法。但是，几年过去了，门捷列夫周期表上的空格仍然空着，里面只是一些幽灵般的元素。没有人重视它们，更糟糕的是，它们被人遗忘了。

预言成真

1875年9月20日，巴黎科学院召开例会。孚兹[1]院士做了报告，并代表他的学生莱科克·德·布瓦博德朗[2]请求拆阅三周前寄给学院秘书的文件。文件被打开了，其中的信件被取出并被阅读了。莱科克·德·布瓦博德朗写道："前天，在1875年8月27日凌晨三点到四点，我在比利牛斯山脉的皮埃尔菲特矿中发现了一种

---

[1] 孚兹（C.A.Charles-Adolphe Wurtz，1817—1884），法国有机化学家。法国化学会发起人之一，曾任该会第一任会长。1867年选入法国科学院，1883年任院长。孚兹1847年曾研究磷酸和次磷酸，并发现三氯氧磷（$POCl_3$）。1849年他通过苛性碱与烷基异氰酸盐作用，制得甲胺和乙胺，并指出甲胺和乙胺可以表示为"一当量氢为甲基或乙基所取代的氨"。1855年由钠和卤代烃合成烃，在有机化学中称为孚兹反应。——译者注

[2] 布瓦博德朗（P.E.L. Boisbaudran，1838—1912），法国化学家，于1875年发现镓。他在闪锌矿矿石（ZnS）中提取的锌的原子光谱上观察到了一个新的紫色线。他知道这意味着一种未知的元素出现了。在1875年11月，布瓦博德朗提取并提纯了这种新的金属，并证明了它像铝。在1875年12月，他向法国科学院宣布了它。——译者注

新元素……"

新元素终于又被发现了！化学家们已经很久没有听到这样的报告了。多年来莱科克·德·布瓦博德朗一直致力于研究对化学物质进行分析的光谱分析术。他的辛勤工作最终取得了辉煌的成就，他"捉住"了一种陌生的紫色光线，那是一种未知元素的痕迹。

在8月27日夜间，他放了几滴锌盐溶液，得到了一颗新物质的颗粒，但它小到仅能借助显微镜才能看出来。布瓦博德朗没有立即向世界公开这一发现。

但是，他怕别的同行也在研究同一元素时有此发现，为了确保自己占有先机，他立即将火漆密封的信封寄给科学院的孚兹院士，并附上他发现的第一则新闻。现在，三周过去了，他已经累积了整整1毫克（1/1000克）的新物质。现在可以确切无误地说，这是一种新元素了。他将新元素命名为镓，用来纪念他的祖国（高卢是法国的拉丁文名称）。

布瓦博德朗还写道，他正在继续自己的研究，并及时将研究结果告知科学院，但他现在就可以公布部分有关新发现的元素的信息：从化学性质方面看，镓类似于已知的元素铝。

当巴黎学院会议纪要传到遥远的圣彼得堡时，门捷列夫被震撼了。这个法国人在比利牛斯山脉某处发现的物质并不是什么新元素！门捷列夫在五年前就发现了它：它其实就是埃卡铝！一切预言都与埃卡铝的特征相吻合，一切都实现了，甚至他对埃卡铝特征的预言都与实际相符，即作为一种易挥发的物质，埃卡铝将通过光谱被分析、检测出来。在过去，这件事简直被称为奇迹。

看到自己的预言得到了实现，门捷列夫本人对此也感到非常震惊，随即写了一封信，飞速寄往巴黎科学院。

门捷列夫写道："镓就是我所预测的埃卡铝。它的原子量接近68，密度约为5.9克/立方厘米。请你们仔细研究，验证一下吧……"

全世界的化学家现在都高度关注起巴黎科学院的会议记录来，因为这确实非常有趣：一位科学家坐在圣彼得堡的办公室里预言，而另一位科学家在巴黎摆弄烧瓶和烧杯，借助精确的测量和实验，证实了另一位科学同行的预言。

但是，在镓的密度方面，他们之间产生了争议。

布瓦博德朗提取了一块纯净的新物质，重1/15克，这已经算是相当"大"的了，用它来测定的密度为4.7克/立方厘米。

然而，在圣彼得堡，门捷列夫坚持说："数值是错的！应该是5.9克/立方厘米。请您仔细再检查一下物质是不是完全纯净。"布瓦博德朗用一块更大的物质再次核实了一下。最后他承认："是的，门捷列夫先生是正确的。镓的密度确实为5.9克/立方厘米。"

这是元素周期律的第一次重大胜利。在这之后，几次胜利又接踵而至。斯堪的纳维亚半岛上的两位研究人员，尼尔生和克列夫几乎同时在稀有矿物硅铍钇中发现了一种新元素，将它命名为钪（钪的意思为斯堪的纳维亚）。然而，他们还没来得及开始研究它的特性，就发现：它也是老相识。这种新元素就是门捷列夫周期表中第18位"空格"上的埃卡硼！

门捷列夫最辉煌的胜利是在1885年，那正是德国人温克勒发现了另一个新元素的时刻。

温克勒在希美尔阜斯特矿山的一座银矿中发现了一种新物质，并将其称为锗（锗是日耳曼的意思）。

这种锗非常准确地落到了元素周期表的第29位空格上，该单元格暂时被埃卡硅占据。两种元素的属性，即预测的和当前的竟如此一致，让人难以相信。你们自己也可以进行判断。

在1870年，门捷列夫预言会从碳和硅族群中发现一种新元素，并且它是一种深灰色的金属。十五年后，温克勒果然在弗赖堡附近的矿山中发现了一种元素，属性很像碳和硅，事实证明，它确实是一种暗灰色的物质，并带有金属光泽。

门捷列夫预言："它的原子量将约为72。"

15年后，温克勒通过实验证实："原子量是72或73。"

门捷列夫说："它的密度约5.5克/立方厘米。"

温克勒确认："密度为5.47克/立方厘米。"

门捷列夫预言："新元素的氧化物，即与氧气结合的氧化物，将很难熔化，即使在高温下也无法熔化，它的密度将是4.7克/立方厘米。"

温克勒："对！"

门捷列夫："新元素与氯化合，产生的化合物密度约为1.9克/立方厘米。"

温克勒："我能证实这一预言的正确性，密度为1.887克/立方厘米。"

除此之外，还有更多的预言成真了，此处不再详细赘述。

《空白点》告一段落

从此以后，自然元素系统得到了普遍认可。人们都清楚了：那些简单的物质不是自然界中的偶然现象，各种形态的物质之间都存在着紧密的联系和统一性。

以前化学家们无从知道是否已经发现了所有元素，或是否还可以预期发现越来越多具有新的、完全出人意料的特性的新元素。现在，多亏了门捷列夫，宇宙的物质结构图景变得更加清晰和明确了。化学家对元素的世界充满信心，就像现代地理学家对地球的陆地和海洋的纵深研究非常深入了，已经了如指掌了一样。

有了精确的地图做参考，地理学家现如今不会在纽芬兰与爱尔兰之间的大西洋中寻找未知的岛屿，或者在南美潘帕斯草原上寻找山脉，因为他知道那里没有，也不可能有山脉。同样，自从化学家们拥有了门捷列夫元素周期表作为参考，就不会在钠和钾之间寻找新的碱金属了，更不会在钪和钛之间寻找任何可能存在的新元素了。

因为不可能存在这样的元素，这会违反元素周期律。

根据门捷列夫的元素周期表，化学家大致可以判断出世界上存在着多少元素了。

现在，他们知道，还有哪些元素藏在地球偏僻角落里的稀有矿物中，仍在躲避着人们的寻找。

物质世界中的"盲点"一个接一个地消失了，因为现在人们知道了去哪里寻找元素以及如何寻找它们了。话虽如此，但仍然有一些相当大的惊喜在等着他们。

还记得我们在第三章中谈到的神秘的太阳元素——氦吗？

这种物质怎么样了呢？人们在元素周期表中找到它的位置了吗？或者，门捷列夫自己只是"业余"地描述了它的特性，就像他对镓、钪和锗所做的预测那样？

不，门捷列夫不太相信太阳元素。他认为未知的黄线是由我们熟悉的某些元素发出的，可能是铁或者氧。门捷列夫认为，由于太阳的超高温和巨大压力的作用，这些元素发出的光与在陆地上发出的光有所不同，那是很有可能的。

对于科学来说，最难忘的那天到来了，氦的谜团终于被完全揭开了。门捷列耶夫活到了这一天。当时他自己也感觉震撼，但实际上，正是在那一刻，门捷列夫赢得了他最大的科学胜利。

在沙皇和资本家的控制下

元素周期律的胜利为门捷列夫带来了世界性声誉。许多外国大学授予他名誉博士学位，许多科学院和学术团体吸收他为会员。英国科学家邀请他到伦敦做公开法拉第演讲，按照传统，只有世界上最伟大的科学家才能做这种演讲。在英格兰，他还被授予了戴维金质奖章。只是他的祖国当时正处于残暴而落后的独裁统治下，门捷列夫没有得到应有的认可。更糟糕的是，沙皇的傀儡们还侮辱、伤害这位伟大的化学家。

在俄罗斯帝国科学院的选举中，门捷列夫的候选人资格遭到了否决。结果最有才华的俄罗斯科学家从未被选为院士。

随后，沙皇政府的部长捷里扬诺夫将门捷列夫从大学开除，因为门捷列夫不应该"胆大妄为"地向他转达学生关于改善大学秩序的请愿书。

于是，一连几年，这位享誉全球的老科学家甚至被剥夺了在实验室进行科学研究的权利，导致无法继续进行研究活动。

门捷列夫从不将自己封闭在书房内，他是一位满腔热血的爱国者，为祖国的利益竭尽全力，但是他所有的实际性建议几乎都没有得到回应。

那时候，高加索地区的石油工业刚刚开始发展繁荣。门捷列夫认为，应该将石油看作最有价值的化学原料，合理地开采利用。他认为，用石油来烧锅炉等同于用钞票来烧锅炉。

门捷列夫希望石油的开采和加工按照科学原理来进行，但是没有人听取他的建议。油田的业主们大肆开采石油、消耗石油，丝毫不考虑将来。

门捷列夫无时无刻不在证明俄罗斯需要强大的化学工业，但是直到十月社会主义革命前夕，在俄国只存在少数的化工厂，它们的功率极低，设备极差。

门捷列夫一直梦想着探索平流层，有一天，他自己在没有飞行员陪同的情况下乘坐气球升空了。他呼吁开发北极圈、北海道，并草拟了破冰船项目。

他在参观了乌拉尔煤矿后，提出了煤炭地下气化的想法：他提议将煤直接在煤层中转化为可燃气体，从而使矿工免于地下的辛勤劳作。但是他这些美妙的设想并没有得到任何人的支持。沙皇政府的官员和资本家们只对官阶、肥缺和暴力感兴趣，很少有人关心国家的福祉、科学和技术的繁荣。在门捷列夫逝世几年后，社会主义革命席卷了俄罗斯，这位伟大科学家的理想才得以实现。

第五章

高贵的气体

千分之一克

在这一章，我们终于讨论太阳元素——氦气啦！你们一定记得，是天文学家首先发现了氦，然后物理学家、化学家、地质学家先后参与到它的命运建构中来。这是一段光怪陆离的发现过程，经过是这样的。

英国物理学家瑞利，在19世纪80年代，用几种气体进行了一系列的实验，来精确确定每种气体的质量。这种质量被称为密度。首先，瑞利测量最轻的物质氢，然后是氧，最后测量氮。瑞利追求测量结果的准确性，力求使其成为物理学界有史以来最准确的测量结果。所以称重时，不能让一个气泡漏掉，即使最小的气泡也不能遗漏。瑞利采取了多种预防措施，来确保被称量的气体完全纯净，里面没有任何杂质。

从空气中获取纯氮气并不困难。自从舍勒和拉瓦锡时代以来，所有人都知道氮气构成了空气的4/5，其余是氧气。因此，只需除去氧气，还有空气中经常夹杂的二氧化碳和水蒸气的少量混合物，剩下的便是纯净的氮气。瑞利就是这样做的。他使空气通过一系列的化学过滤器，将二氧化碳、氧气、水蒸气分别吸收出去。

北方地区的家庭主妇，在冬季将装满硫酸的玻璃杯放在窗框之间。因为硫酸吸收水分，这样窗框之间的空气就能保持干燥。瑞利就像她们一样，也使用了硫酸。但是，除了硫酸，他还使用了其他物质，可以从空气中完全清除氧气、二氧化碳和水汽，那残留物就是纯净的氮气，将氮气称重。一位优秀的实验人员，会不断地检查自己的实验数据，来避免疏漏与错误。瑞利是一位特别严谨的实验者，当然也严格检查了自己的实验。

某些过滤器可能会无法正常工作，一些杂质会神不知鬼不觉地漏掉。或者橡胶管的某处有个气孔，虽然肉眼看不见它，但不干净的空气足以从外部通过它"进入"到管内。拿什么办法来检测这些问题呢？瑞利决定用另一种方式来获取氮，而不是通过空气来获取，然后将两种方式获得的气体比较一下。

如果通过两种方法获得的氮气密度一致，那么一切都没有问题，也就是说，结果很正确，工作进行得也很谨慎，获取的氮气也十分纯净，整个实验装置没有任何地方漏气。

化学家拉姆齐是瑞利的朋友，建议瑞利从氨中获取氮。这是一种很简便的方法，瑞利立即采用了。从氨中获得氮后，按照所有程序提纯并称重。

结果两种气体（均为"氮气"）的质量不吻合，想象一下，当时瑞利得多么苦恼呀！从空气中获得的氮气，每升重1.2572克，但从氨中获得的氮气，每升重1.2560克，比前者轻1/1000克。一定在哪一步，瑞利没有做到绝对准确，才出现了这个差错。这个错误虽然微不足道，仅仅相差1/1000克，但仍然是一个错误。

瑞利开始仔细检查整个装置，所有容器、过滤器、玻璃管、抽气唧筒、天平等，逐一进行检查，可是没有发现任何差错。然后瑞利再次从空气和氨中制得两份氮，接着将两种气体彻底提纯，并进行十分精确的测量，但是得到的结果还是相差1/1000克。

瑞利又做了一次实验，仍得到了相同的结果，相差1/1000克，这其实是一个不值一提的小误差，可以忽略不计，但是瑞利不能，他容不得实验过程出现半点差错。

他感到很生气，这个小误差使他非常恼火，因为他在氮气的实验上遇到了瓶颈，无法继续向前进行自己的实验。

前面有几十个有趣的新物理问题在吸引着他，但他无法去研究这些问题，因为他忙于净化这该死的氮气，竟然不由自主地变成了一位化学家。

有一天，当瑞利毫不掩饰自己的厌恶之情，查看最后一次记录着称重结果的纸时，无意中看到最近一期《自然》科学杂志。瑞利想："要给那里写信！"然后他立即打定主意，给编辑部写了一封信。在阐明了氮气的研究结论后，瑞利通过杂志向化学家们发出了呼吁，希望有人能告诉他，到底是哪里出了差错，如何解释这种顽固不化的误差？瑞利寄了信，便开始等候回音。希望化学家们会指引他走出目前的死胡同。

重氮和轻氮

瑞利很快就收到了回信，其中包括拉姆齐的一封信。化学家们给了这位没有头绪的物理学家很有条理的建议，但不凑巧的是，这些建议于事无补。两种气体在质量上的差异仍然保持不变，并且当瑞利改变实验条件来尝试，差异就变得更大了。

于是，他不再依赖于别人的建议，觉得靠自己的努力来找出氮有时重，有时轻的原因。

瑞利连续两年摆弄这种顽固的气体，对气体进行了各种各样的操作。他把电流输送到来自"空气"的氮气和来自"氨气"的氮气中，又将氮气放在密闭的容器中搁置了八个月，但是通过电流和时间都无法改变气体的性质，密度上的差异仍然存在。瑞利又试图从其他物质中获取氮气。

他从笑气、一氧化氮、尿素中分别提取了氮气。在这几种情况下，所得氮气的质量与从氨气中获得的氮气的质量完全相同，但是从空气中提取的氮的质量仍然偏大。

然后瑞利决定用其他方法从空气中获取氮气。

以前，他使空气通过炽热的铜：铜在燃烧过程中，会从空气中吸收氧气，只剩下氮气。现在，瑞利不让空气通过铜了，而是让它通过炽热的铁和其他能够吸收氧气的物质，但是从"空气"中提取的氮的密度并没有改变，它仍然比从氨气中提取的氮气重。

瑞利已经进行了数十次实验，感觉前途仍然一片渺茫。他感觉自己撞上了无法推倒，又绕不过去的铜墙铁壁。幸运的是，瑞利现在知道自己没有犯任何错误，也没有计算错。

这里出现的错误，错不在实验者，而是错在自然物质。

现在已经非常清楚的是，来自空气的氮气，确实比来自化合物的氮气重。这是为什么呢？为什么同一物质具有不同的重量？这对瑞利来说一直是一个谜，一个诱人的却又令人十分不安的谜。

"翻翻旧杂志吧！"

1894年4月，瑞利在伦敦皇家科学会上报告了自己的氮气实验。会议结束后，化学家拉姆齐过来与他交流。

拉姆齐说："两年前，当您写信给《自然》杂志时，很难理解为什么会出现差异，现在看来，一切都清楚了：从空气中提取出的氮气中存在着某种杂质，某种未知的气体……如果您允许，我将继续您的研究。"

瑞利当然同意他的建议，但是关于存在这种未知气体的想法，人们仍似乎感到难以置信。成千上万的研究人员对空气进行过无数次的分析，并且一直只在里面发现了氧和氮，以及少量的二氧化碳和水蒸气。其中怎么还会存在着新气体呢？

瑞利又征求了皇家学会其他研究员的意见，物理学家迪瓦尔告诉他："翻翻旧杂志吧！我知道亨利·卡文迪什也确信空气中的氮不是一种单质。"

瑞利大吃一惊，叫道："卡文迪什！一百年前的那位？"迪瓦尔肯定地说："是的，好像在他关于空气成分的第一批著作中有一些暗示。您去找找看吧。"瑞利说道："我今天就去找！"

真想不到，卡文迪什的研究领先了一百年！

亨利·卡文迪什的实验

在18世纪下半叶，伦敦有一个叫亨利·卡文迪什的人，他生性孤僻、腼腆，十分怕见到陌生人，当别人与他交谈时，他就会脸红，尖叫一声，跌跌撞撞地逃走。如果他鼓起勇气回答，就会像个小孩一样，结结巴巴，说话颠三倒四，并且很难为情。

卡文迪什住在一所宽敞而又舒适的大房子里，过着离群索居的生活，很少出门应酬。这个孤僻、沉默寡言的人就只有一种爱好，那就是研究科学和自然。半个多世纪以来，卡文迪什日复一日地工作，不知什么叫娱乐和休息，也不知道哪天是假期。

他夜以继日地工作、计算和实验，发现了水的成分。他是第一个计算出地球质量的人。他与舍勒、拉瓦锡同时研究了空气的成分，以及氧与氮的特性。

卡文迪什十分谨慎、多疑，并没有立即公布他的实验结果。许多东西都埋藏在他的档案里，后来有些事情就被人遗忘了。碰巧的是，几代人以后，约翰·瑞利在"重氮"之谜上挣扎了好几年。

意想不到的是，他只要查阅一下皇家科学会1785年那本泛黄的年报，就能消除内心的疑虑。

卡文迪什在这本杂志上发表了一篇文章，他所描述的实验是这样的。他使小型人造电火花穿过充满空气的玻璃管，在电的作用下，空气中的两种成分——氮和氧进行了化合反应，结果产生了一种令人窒息的新气体。

卡文迪什使用一种特殊的溶液吸收了这种气体，将这种气体从试管中提取了出来，但是空气中的氧是氮的四分之一，所以过了一会儿所有氧气都被吸收掉了，试管中只剩下氮气。

随后卡文迪什又向试管中添加了纯净的氧气，并再次使电火花通过试管。所以他最终将所有的氮气都与氧气结合，生成了这种令人窒息的气体，并且这种新气体又被碱溶液吸收了。

然而，一个小氮气泡顽固地留在了试管中，并没有被碱吸收。卡文迪什向试管中添加了很多的氧气，并使电火花通过，也无济于事，再也没产生令人窒息的气体。一个扁豆大小的氮气泡漂浮在溶液上方，再也没有与氧气结合。

卡文迪什写道："从这个实验中我得出结论：空气中的氮不是单质的，其中有1/120的氮气行为与大部分氮气行为不同。因此，氮不是单一的物质，而是两种不同物质的混合物①。"

当瑞利读到旧杂志的这一段文字时，他抱住头，冲到实验室去重复卡文迪什的旧实验。

---

①卡文迪什是燃素学说的支持者，称氮为"可燃空气"。——原注

空气的组成

　　同时，皇家科学会的化学家威廉·拉姆齐也在抓紧时间做实验。他的推论很简单：如果空气中存在某种未知的杂质，那么只有一种方法可以检测到它，即取一定容量的空气，然后按顺序从中提取所有成分。如果提取完之后还剩下其他的东西，则说明空气中存在着未知气体。

　　拉姆齐使空气通过一系列的化学过滤器，并轻松地从中抽出了氧气、水蒸气和二氧化碳。至于剩下的氮气，拉姆齐也为它找到了过滤器。

　　几年前，他在一次讲座中意外发现，炽热的镁能很好地捕捉氮气（镁就是摄影师在摄影时燃烧的金属）。拉姆齐利用了这次偶然的发现，开始在炽热的镁屑上吹炼氮气。

　　拉姆齐将氮气输送进装有镁屑的试管，大部分气体被吸收了，一小部分逃走了，接着再次将剩余的氮气通过炽热的镁屑。气体还稍有剩余，于是又这样进行了第三次，最后称重了剩余气体。结果怎么样呢？事实证明，它比普通的大气层中的氮气重。

普通氮气比氢气重14倍，而这种气体比氢气重14.88倍。

拉姆齐很高兴，将氮气再次输送进盛有镁的试管里。一些气体又留在了过滤器中，剩余的气体不断加重。

气体的体积在逐渐变小，但密度不断增加，先是增加到16克/立方厘米，然后是18克/立方厘米，增加到20克/立方厘米时就不再增加了，这时，气体也不再被吸收。显然，所有的氮气已经被提取出来了，试管中残留了部分未知杂质，这种气体与镁不会发生任何化学反应。整个夏天，拉姆齐都让空气通过吸收器，直到他收集了100立方厘米的新气体。

他的同事瑞利在重复卡文迪什的旧实验，但进展缓慢，到1894年夏末，他只收集了半立方厘米的重杂质。不过重要的是，两位研究人员使用不同的方法获得了相同的结果！

现在只能拭目以待地等全能的分光镜的"观点"了。他们将电极焊接到装有新气体的玻璃试管上，使电流通过试管，于是试管中的气体散发出了美丽的冷光。冷光的光谱中包含红色、绿色、蓝色谱线，这些谱线尚未被任何光谱学家观察到。

1894年8月13日，瑞利和拉姆齐去了牛津大学，那里正在召开英国自然主义科学大会，他们请求做一次特别的临时报告。

他们声明道："我们发现了一种新元素，它无处不在，从四面八方包围着我们。它与氧气和氮气一起，是我们共同呼吸的空气的一部分。"

隐士型元素

瑞利和拉姆齐的声明使聚集在牛津的科学家们感到十分震惊，如果一枚炸弹在他们的头顶上炸开，所引起的骚动也未必比得上这份令人震惊的报告。空气中还存在着未知的元素！

在世界各地的实验室、大学教室里都有这种大量的未知物质存在着，然而却没有人预料到这一点！

一个世纪以来，研究人员在全世界范围内收集各种非凡的矿物质，来捕捉仍未被发现的稀有元素，然而就在他们的眼皮底下，还有这种未知的物质未被发现！这怎么可能呢？要知道，这种新气体在空气中的分量并不少呢，100升空气中就有1升。

当卡文迪什第一次探寻到它的痕迹时，人们才知道存在着两种不同空气："活"空气和"死"空气。

当时氧气和氮气还是十分新奇的物质，所以包括卡文迪什本人，大多数人都没有十分重视那个任何方面都不像氮气的，而又微不足道的小气泡，但是为什么在长达一百年的时间里，化学家都没有注意到，空气中的氮气实际上是两种气体的混合物呢？在这一个世纪中，他们对空气进行了上千次分析。任何一位学生或实验室助理，甚至化工厂的熟练工人都知道该怎么做这种实验。

化学家已经精确地计算出空气中的氧和氮的百分比，而且他们计算出空气中包含着0.03%的二氧化碳。他们甚至设法在大气中寻找氢气，尽管它的含量还不到1/1 000 000。1/1 000 000的氢气都能被找出来！可是这么长时间，却漏掉了整整1/100的未知气体，为什么会这样呢？因为这种气体完全看不见、摸不着，无色又无味，是一种安静气体。它悄无声息地四处追随着氮气，并且安分守己，就像根本不存在一样。这种新元素不与其他任何元素组成化合物。它独善其身，不像其他元素，不断地经历着、进行着各种化学变化。它是元素中的隐士，元素中的孤独者。

新气体对所有化学作用都无动于衷，完全是惰性的、被动的。因此，它被称为氩气，希腊语意为"不活泼的"。

拉姆齐曾将氩与最活跃、最烈性的物质混合，譬如，将氩与氯结合。氯是一种能使金属生锈，使油漆变色，破坏丝织物和纸张，并能将它们腐蚀成破烂的窒息性气体。结果，氯对氩气没有任何办法。他还试图在氩气中燃烧磷。磷这种有毒物质会腐蚀手，能在空气中与氧结合，并能自行燃烧，但是氩气对磷也摆出一副不感兴趣的样子。无论是燃烧，还是冷却、通电、使用苛性酸，都不能使氩气产生化学反应。一切东西遇上氩，都会被反弹回去，而氩却毫发无损。

　　拉姆齐和其他化学家无法忍受这样一种对所有物质都无动于衷的怪东西的存在。它总会产生一些化合物吧！毕竟，就算是在水或空气中既不会生锈，也不溶于酸"贵重"的金属——金和铂，也会与某些物质化合，生成化合物！难道氩这家伙不肯向世界上的所有物质低头吗？拉姆齐带着助手们一次又一次地将各种化学药品注入氩气容器中，他们几乎尝试了所有简单的和复杂的物质，进行紧张而又繁重的工作，然而数天、数周、数月过去了，仍然徒劳无功：氩气仍然无动于衷。

一种来自矿物的气体

有一天，拉姆齐在皇家学会做了关于氩气实验的例行报告之后，收到了地质学家迈尔斯的来信。迈尔斯没有听过报告，但显然是了解了报告的内容。迈尔斯写道："不知道您是否尝试过将氩与金属铀混合？假如您没有尝试过，那么我觉得您值得尝试一下。几年前，美国地质学家希勒布兰德注意到，当在硫酸中加热钇铀矿石，它就会释放出大量气体。希勒布兰德坚信这种气体就是氮气，不过其中也会有氩气吧。在我看来，应该对此进行检测，说不准钇铀矿中可能包含铀和氩的化合物呢？"

拉姆齐发现迈尔斯的建议很有道理，但是到哪里去找钇铀矿呢？这种矿物十分稀少，而且很昂贵，只有在挪威可以找到。拉姆齐怕白白浪费时间，为了以防万一，就请一位伦敦商业界的朋友代为寻找钇铀矿，很幸运的是，这位朋友只用18先令就从一家矿产商那里买到了两盎司的钇铀矿（约60克）。

拉姆齐的助手立即将矿石放入硫酸中加热，钇铀矿果然开始

174

冒泡，并有气体从中冒出来，但是拉姆齐当时正忙于其他实验，尚未抽出时间对气体进行研究，而是吩咐助手将它保存在密闭的容器中。

时间飞逝，一个半月又过去了，在此期间，拉姆齐又做了几次尝试来获取氩气化合物，但均未成功。最终，他的耐心耗尽了。他觉得自己对这种超级稳定、极其被动的物质已经无能为力了。但是，在承认自己完全失败之前，拉姆齐最后决定测试这种从钇铀矿中收集的气体。

首先，有必要知道，这是希勒布兰德确认过的氮呢，还是氩？拉姆齐的助手将镁制成碎屑，加热至通红，使这种气体在它上面通过。气体如果是氮，那么它将被吸收到过滤器中，因为镁是能够吸收氮气的。但是气体通过过滤器后，几乎原封不动地从疏水阀中流走了。可见，希勒布兰德的观点是错的。

然后拉姆齐前往实验室的暗室观察这种气体产生的光谱。他拿起一根边缘焊接了金属电极的试管，然后用唧筒抽尽管子中的空气。接着，他将气体输入试管，然后通上电流。这时，试管中的气体开始发光。拉姆齐观察分光镜，看到里面有许多不同颜色的明亮谱线，其中有条非常明亮的黄色线。"钠！"拉姆齐想，"镁屑中可能夹杂有钠，这是无法避免的。为了更容易地分辨这个复杂的光谱，拉姆齐将另外一根玻璃试管装满纯氩气，并且通上电。现在他可以在分光镜中看到两根试管中气体所呈现的光谱，并且可以对它们进行比较。"

两种光谱中的许多谱线是重合的。在纯氦的光谱上也显示出一条黄线，但比较微弱。显然，在第二根试管中也混入了少量无处不在的钠，但是不知道为什么，第二根试管中的钠的黄色线与从钇铀矿中出来的气体的黄色线位置之间略有间隔。为了使两条线重合，拉姆齐稍微调整了下分光镜，扭转了一下试管，但是它们仍然待在原来的位置上，几乎处于相邻状态，无论如何都不能重合。

"我们的分光镜出了点问题。"拉姆齐告诉他的助手。然后他打开灯，拆开设备，开始仔细地擦拭三棱镜，但无济于事。当重新安装好分光镜后，拉姆齐再次观察到两个管中的黄色钠线，结果它们仍旧是分开的。这是什么奇怪的现象？自本生和基尔霍夫时代起，所有化学家和物理学家都知道钠线在光谱中的位置是固定的。

即使我们从世界各地采集一千个钠样品，无论在哪里进行检测，它们在光谱仪中都会发出相同的黄色线，呈现出相同的光谱。为什么钠在伦敦大学的实验室产生的谱线会分散开来呢？

拉姆齐在分光镜旁一动不动地坐了几分钟，他的目光注视着装有钇铀矿气体，冒着冷色调金光的试管。实际上，要找到这个问题的答案并不难。

拉姆齐已经找到它了，只是害怕这种解释太过大胆和冒险。他不敢相信自己的成功这么顺利地实现了。其实，为什么不假设一下，该玻璃管中除了氩气外还有其他物质？另一种新的未知元素？

在拉姆齐的脑海中显现出了一个现成的名字——氪，在希腊语中意思是"神秘的，暗藏的"。

拉姆齐立即开始核实他的假设。他忘记了时间，在一个黑暗的房间里待了很久，而且孜孜不倦。他研究了来自钇铀矿气体的光谱，并比较了它与氩、氮、钠的光谱。

但是他发现自己的劣质分光镜已经不适合解决这样一个复杂的问题。最终，拉姆齐决定求助于他的朋友——物理学家克鲁克斯。克鲁克斯是光谱学的专家，拉姆齐给了克鲁克斯一支装有氪的试管，并请求克鲁克斯研究它的光谱。

那是1895年3月22日傍晚的事。

第二天早上，邮递员来到拉姆齐的实验室，将他从黑暗的房间里召唤出来，递给他一封电报。克鲁克斯在电报中说："氪就是氦，快过来看看吧。"拉姆齐走了过去，看到钇铀矿气体的黄线正好与太阳光谱中神秘的黄线，也就是氦的黄线重合。

就这样，在地球上成功发现了太阳上的神秘的物质。

地球上的氦

通往发现元素氦的道路是多么艰难，多么曲折呀！

起初，是天文学家怀疑太阳上存在着某种未知的元素。后来，瑞利为了验证一个古老的科学假设，完全没有考虑太阳上的物质，开始测量起气体——氢、氧、氮的质量来。本来他只是想尽可能准确地知道每种气体的质量是多少，仅此而已！多亏瑞利的实验，卡文迪什那早已被遗忘的实验被召唤出来。

最后，通过瑞利和拉姆齐的共同努力，在空气中发现了一种比较重的物质——奇怪的氩气。

拉姆齐根本没有去考虑太阳的物质，便开始研究氩气的性质，发现它异常被动，对任何物质都无动于衷。

当地质学家迈尔斯建议他研究稀有矿物——钇铀矿时，拉姆齐只希望在这里面找到氩的第一种化合物，当时也并没有多加考虑。

五年前，希勒布兰德在研究这种矿石时，提取了一种气体，对此也没有产生过任何怀疑。拉姆齐观察到，这种气体既不是氮气，也不是氩气，但他没能立即猜测出这种气体与什么相关。

只有到了物理学家克鲁克斯手中，新气体才被确认，原来就是二十七年前天文学家在太阳上观测到的元素。

现在，普通的地球人也能接触这位从遥远的炽热天体——太阳上来的客人了。于是大家开始从各方面对它进行研究、测试和探索。那么，发现了它具有什么样的奇妙属性呢？

氦的发现历史非常不平凡，许多人感到非常震惊，暗中期望这种物质本身也非同寻常，与其他任何一种物质一点都不相似，但是并没有奇迹发生。

大家很快就弄明白了，原来氦是一种像氩一样的"惰性"气体。它是透明的、无色、无味，它也表现出像氩气一样顽固的属性，不愿意与其他物质化合。氦与氩气唯一的不同点在于，它很轻。氦是世界上最轻的物质之一，仅次于氢。

新发现

　　这段时期是科学取得伟大胜利的时期，门捷列夫在二十五年前建造的和谐匀称的建筑几乎被动摇。拉姆齐可以挑战门捷列夫的权威，宣布他的系统不适用，他对此也有充分的理由：因为门捷列夫列表中没有新元素的位置，没有这样的一行专门用来搁置氩气和氦气。

　　可是，如果仍然按照原子量排序，将这些元素挤到其他元素紧密的行列里的话，那么周期表的次序就被破坏了，导致周期表变得杂乱无章。

　　一些化学家试图打破这种僵局，便开始证明氩气和氦气根本不是新元素。他们确信说："它们只是氮的不同形式而已，我们知道的其他元素也有多种形态。例如，碳就有三种形式：炭黑、石墨和珍贵的钻石。氧有两种形式。为什么不假设一下，氮也有各种形式呢？"

　　但是拉姆齐本人对此持不同意见。他说："我们还没有发现一切元素，应该继续探索，说不定还存在着类似于氩和氦的元素。"它们将共同构成一个新的大型元素"族群"，也就是新的一列，并且整体加入元素周期表中。

新发现并不会推翻和动摇周期表，相反，它将使元素周期表变得更加完整、准确和完美。拉姆齐和他的助手们开始寻找新的元素，也就是氩和氦的"亲戚"。他们研究了150种稀有矿物质、20种不同的矿泉水，甚至都试图在陨石中寻找新元素的踪迹。

在普通的空气中，除了氩气之外，拉姆齐还发现了整整三种新元素，他将这些气体命名为氖、氪和氙。接着，他又在空气中发现了氦！这五种元素非常相似，形成新的一行，可以完美地陈列在元素周期表中，同时也以这种方式证明了门捷列夫元素周期表的正确性。

但是为什么拉姆齐没有立即从空气中分离出这五种元素呢？为什么他首先只注意到了氩气呢？因为空气中有很多氩气，100升中就有1升，而氦、氪和氙很少。在每一次呼吸中，我们都会吸入约5立方厘米的氩气（大约半汤匙），氖是氩的1/500，氦是氩的1/2 000，氪是氩的1/10 000，氙是氩的1/100 000。（当然，所有这些气体首先要经过我们的肺部，不过对肺没有任何影响。因为这些气体对任何东西都无动于衷，因此不会参与任何一种化学变化。）

技术已发现了所有稀有气体的用武之地。氩气可以填充入电灯，以免白炽灯丝烧得太快。因为在这种萎靡不振、毫无生气的气体中，别提难熔的金属，就算是可燃的石油也永远不会燃烧起来！就填充灯泡这项用途来说，氪和氙更适用，充满这些气体的灯泡可以被称为永恒灯，因为它们可以持久使用。

氖也用于电子照明，只是不在普通灯具中使用。你们在莫斯科地铁站内看到过那些红色的发光灯管吗？它们里面充满了氖气。当电流通过时，气体发出美丽的光。

重量很轻的氦，对飞艇建造者和宇航员很有用。他们将氦充到飞船和同温层气球中，能使它们飘浮在高空中。

确实，氦比氢更昂贵、更重，而氢也可用于相同的目的，但是氢易燃，只要出现一个火星，整个巨大的飞船将像火炬一样燃烧起来。在充满氦气的飞船上，不用担心着火，因为在氦气中就像在氩气中一样，即使将世界上所有最易燃的物质放在一起，也无法点燃。

元素可以再分解吗

在发现氩气和氦气的时候，许多科学家似乎觉得已经完全揭开了物质的秘密。大多数的元素已经被找到了，门捷列夫元素周期表几乎被填满了。数以万计的复杂物质的特性也已得到了充分的研究，现在似乎一切都已经清楚了。一百年前，即18世纪末，舍勒、拉瓦锡和其他研究人员才开始追问：物质是由什么构成的？现在任何化学家都可以对这个问题给予完整而准确的回答。

世界上大约存在着八十种元素，整个宇宙都是由这些元素构成的。化学家们对它们进行了充分的研究，这些元素构成了恒星、太阳、地球、人、石头和动植物。无论我们分解什么样的物质，我们都能在其中找到简单相同的成分——元素。一种复杂的物质中可能包含两种、三种、五种、十种元素，但这些元素，无论何时何地都是一样的。从太空飞到地球的陨石、人体、宝石和路边简单的黏土，除了这八十种构成成分外，别无其他。

可是元素本身呢？它们还能被分解成更简单的成分吗？不！

19世纪后期的科学家们坚决认为："再也没有什么比元素更简单的东西了。元素就是简单物质的极限了。无论是在自然界中，还是在实验室、工厂里，任何地方都不存在比元素更为简单的成分。只有复合物质才能变化、分解、消失。至于元素，它们不会消失、分解，也无法转化为其他元素，它们是永恒不变的。就拿铁、铅、氦来说，一百年前世界上有多少，现在仍有多少，一百年后也将不会改变。因为无论是单个晶粒，还是元素的单个原子，永远都不会消失或改变。""每种元素都由相同的原子组成。原子是不可分割的，它是物质的最小颗粒。不同元素的原子可以通过不同方式相互组合在一起。相同的氧原子可以存在于人的大脑物质构成中，落入尘土中、矿石中、海水和乌云中。它可以环游世界一千次，参与一千次化学变化，但是不会因此消失或发生改变。因为元素的原子是永恒不变的。"

这就是19世纪末化学科学教授的知识。这是一种非常严谨而令人信服的学说。你们在前面阅读了解的所有优秀元素研究者都信奉这一理论。但是，接下来你们将阅读到一些故事，这些故事讲述了人们如何获得了一些新的发现，以及这些新发现如何彻底摧毁了这一学说。

第六章

不可见射线

威廉·伦琴的发现

在1896年年初，一则耸人听闻的消息震惊了世界上所有的大学和科学院：一位鲜为人知的德国教授威廉·康拉德·伦琴发现了一些具有非凡特性的新射线。

人眼看不到这种射线，但是它们能在照片底片上起作用。借助这种射线，即使在漆黑的地方，也可以拍照。

此外，可以通过以下方式了解这些射线的存在：如果将一条涂有特殊化学物质的纸屏幕或玻璃屏幕放在光线经过的路径上，那么在屏幕上开始出现明亮的光谱，并产生磷光现象。最令人惊讶的是，新射线在一定程度上能够自由地穿越任何物体，就像普通光线透过玻璃一样。这种射线能够穿过紧闭的门、严实的隔板、衣服和人体。如果用手去拦截它们，那么在发光的屏幕上就会出现黑色的骨骼轮廓。那是一只骷髅手，看手指还在微微颤动呢！

就算是德高望重的人们穿着常礼服和硬挺有型的衬衣，并且把所有的纽扣扣得牢牢的，也可以在屏幕上看到自己的肋骨、脊椎骨和全身骨架的阴影。如果背心口袋里装着手表，裤子口袋里装着钱包，钱包中有硬币，通过这种射线也可以观察到。人们立即找到了这些新射线的实际用途。在美国，就在人们知道伦琴射线发现后的第四天，一些医生就用这些射线来检查受了枪伤的患者，确定子弹是否卡在他的体内。

然而物理学家对伦琴的发现的兴趣超过了医生，他们想知道：这些射线是什么，它们性质是否与普通射线相似，它们是如何产生的，是什么导致它们的出现。

伦琴发现新射线的过程被口口相传，他一直在实验室里研究在克鲁克斯管中发生的化学现象。

克鲁克斯管就是抽去空气的玻璃管，在玻璃管内部的两端焊接着金属电极。如果将电流通入玻璃管，那么在试管内的两个电极之间的稀有空气中会发生放电现象。在这种情况下，管内的空气透过管壁就会发射出冷色光。

有一次，伦琴在离克鲁克斯管不远的地方放置了一摞未显影的底片，这些底片用黑纸包裹着。后来当他给底片显影时，发现它们漏光。这种情况不止发生了一次，新的、完好无损的底片被紧紧地包在黑纸里面，如果将它们在克鲁克斯管旁边放置一段时间，它们必然会被损坏。

克鲁克斯本人及其他使用试管的研究人员早在伦琴之前就已

经注意到了这种情况，但他们对此都没有予以重视。底片经常漏光，所以他们决定将底片远离试管放置。

伦琴对底片发生漏光很不满意，他开始进行实验，寻找问题的根源。

有一天，伦琴在使用克鲁克斯管工作，他用黑色纸板将试管包裹住。当他关上灯，离开实验室时，却发现自己忘记了切断电路。伦琴没有来得及打开灯，就回到桌子旁边纠正自己的错误。这时，他注意到旁边相邻的桌子上，有些东西在闪烁着昏暗的冷光。

在灯光闪烁的地方，放有一张涂着氰化铂钡的纸。这种物质具有发射磷光的能力，当强光从侧面射向这种纸时，它便自己开始发出冷光。

但是实验室里不是漆黑吗？克鲁克斯管的微弱冷光不会使发光物质发出磷光。另外，克鲁克斯管还用黑色纸裹着呢，那到底是什么使磷光屏在黑暗中闪光呢？

随后，有人问伦琴："当您遇到这些神秘现象时，是怎么想的？"他回答说："我没有想，我只是做实验。"他不断地进行实验，巧妙地盘问自然，最终发现了新射线。

谦虚的伦琴将这种射线称为X射线，但他反复强调本人还不知道它们的真实特性。因此，不同国家的数十位科学家同行迫不及待地填补伦琴未能涉及研究的空白。科学期刊上陆续出现了不计其数的有关X射线实验的报道，有的报告X射线的性质，有的报告X射线的来源。由于操之过急，一些研究人员认为自己发现了几种新射线。

关于"Z射线""黑射线"的报道纷至沓来，"射线热"席卷了欧洲国家和美国的所有科学实验室。

幸运的错误

　　法国科学家亨利·庞加莱[①]提出了一个关于X射线的有趣猜想。当庞加莱收到伦琴描述自己新发现的杂志时，其中一个细节让他非常感兴趣。

　　伦琴指出，X射线恰好产生于克鲁克斯管内从阴极流向阳极的电子撞击的地方，试管的玻璃壁在这个位置发出特别强烈的磷光。"原来如此！"庞加莱想，"产生强烈磷光的地方会产生X射线。当电流通过时，也许所有产生强烈磷光的物质都会发射出这种射线，而不仅仅是电流通过克鲁克斯管时才能发射。"

　　庞加莱的同胞沙尔·昂利听了这个想法后，立即做实验来进行检测。

[①] 亨利·庞加莱（Jules Henri Poincaré，1854—1912），法国数学家、天体力学家、数学物理学家、科学哲学家，生于法国南锡，卒于巴黎。庞加莱的研究涉及数论、代数学、几何学、拓扑学、天体力学、数学物理、多复变函数论、科学哲学等许多领域。——译者注

冷光产生的方式多种多样。长期以来，人们知道一些物质，如果暴露在太阳光或其他强光源射线下，就会发出冷光。其中一些物质，一旦主光源熄灭，便不再发光；其他的物质，在主光源熄灭后，仍能持续一段时间发光。

如果钟表盘上涂有这种发光物质，那么在晚上不点灯的情况下，也可以看出时间。除此之外，树木腐烂时也会发出冷光，还有易燃的磷也可以发出绿色的冷光，因为它会在空气中缓慢氧化。如你们所见，磷光现象的起因各有不同，所以庞加莱猜测，无论物质是由于什么原因产生磷光，在这种物质中总会产生X射线。

为了检验庞加莱的想法，沙尔·昂利使用了硫化锌，这种物质被阳光照射时会发出强烈的磷光。

这是一个非常简单的实验，昂利用黑纸包住普通的底片，在纸上放一小块硫化锌，然后将它们拿到阳光下晒。接着，他把底片拿到一个黑暗的房间里进行显影。

在底片上放硫化锌的地方出现了黑点。可见庞加莱的猜测是对的。也就是说，实际上，任何磷光物体都可以发出自由穿透黑纸的、不可见的X射线。这正是昂利所设想的结果。

1896年2月10日，法国科学院的一次会议上宣读了昂利的报告。一周后，在科学院的第二次会议上，宣读了另一位法国研究员涅温格洛夫斯基的报告，他充分证实了昂利的结论。涅温格洛夫斯基不是使用硫化锌进行的实验，而是使用硫化钙，但实验结果却与昂利相同。现在在每一次的法国科学院的会议上，都有人做报告，公布自己利用磷光物质发现了X射线。

这样的实验其实很容易做：用黑色的纸包住底片，然后在上面放一块磷光物质，接着将它们一同暴露在阳光下，然后显影，这能花多长时间呀！因此物理学家们争先恐后地进行这些实验，生怕自己被别人抢了先。这样一来，X射线现在似乎不像以前那样神秘了，事实不是已经证明连带有夜光表盘的普通手表都会发出X射线吗？

科学家特罗斯特在科学院的报告中说："不需要使用任何易碎的放电管，无须使用复杂且昂贵的电气装置，只要将一块磷光物质暴露在强光下，它就可以发出X射线，但是他们都弄错了，无论是特罗斯特、昂利，还是涅温格洛夫斯基都大错特错。庆幸的是，这种错误对科学和人类十分有利。这些研究人员当时过于仓促地进行探索，从而疏忽了很多东西，不过我们还要为此感谢他们呢。"

当乌云遮住阳光的时候

　　物理学家亨利·贝克勒尔[①]也参加了这次寻找X射线的活动。他尝试了好几种不同的磷光物质，在他看来，所有这些物质在强光照射下都会发出不可见的，而且能对底片起作用的X射线，但是贝克勒尔对底片上显现的模糊斑点并不十分满意。之后他决定选择最强的磷光化合物来进行实验。他认为，具有较强磷光发射能力的物质会发出更强烈的X射线，并且它们在底片上的印记会更加清晰。

　　贝克勒尔出身于科学世家，他的父亲也研究过磷光现象。老贝克勒尔当年研究了一种非常强烈的磷光物质——铀和钾的硫酸盐。

[①]安东尼·亨利·贝克勒尔（Antoine Henri Becquerel, 1852—1908），法国物理学家，1852年生于法国。因发现天然放射性，与皮埃尔·居里和玛丽·居里夫妇在放射学方面的深入研究和杰出贡献，共同获得了1903年度的诺贝尔物理学奖。——译者注

随后，小贝克勒尔也研究了这种硫酸盐。他现在试图用这种物质来获取X射线。此外，贝克勒尔还用其他的铀化合物做了实验。他实现了自己的目标：在阳光照射下，铀盐确实透过黑纸呈现出了最清晰的图像。

小贝克勒尔的实验经过是这样的：他用很厚的黑纸包裹着底片，然后在纸上放了一些带有图形轮廓的金属切片，又在金属片上放了一张薄纸，在纸上面撒了一层铀盐，最后把所有这些东西都暴露在阳光下。

经过显影处理后，会在底片上呈现出什么呢，结果会是什么呢？实验结果是：在底片黑暗的背景上出现了白色的图案，那是金属片的印迹。很明显，铀盐产生磷光，发出不可见的X射线，X射线穿过黑纸，对底片产生作用，但它们无法穿过质地细密的金属，因此，在金属覆盖的地方并没有发生感光现象，所以图像没有发生任何异样的变化。贝克勒尔在科学院会议上介绍了他的实验结果，大致经过就是如此。

但是有一天，也就是1896年3月2日，贝克勒尔来到科学院，顺便宣布了一个奇怪的消息。

四天前，也就是在2月26日，他用铀盐做了实验。

实验所用的物品有：用黑纸包裹的底片、带着图案的金属片、覆盖着所有东西的盐晶体……可是那天的太阳时不时地被云层覆盖，于是贝克勒尔决定将所有东西都放进冰箱里，为了第二天可以立即开始实验，他甚至连纸上的铀盐都没有取掉，但是27日根本没有阳光，接下来的两天也是阴天。3月1日，他决定无论如何也要拿出底片来显影。当然，铀盐几乎一直都处于黑暗中，而且阴天散射的太阳光仅仅照射了几分钟，因此产生的磷光可能也很微弱，时间也较短，所以X射线会很难分辨出来，即使能分辨，那也一定非常弱。所以，贝克勒尔预料在底片上将呈现出勉强可见的阴影。然而事实却相反，出现了十分浓重的暗影，在深色背景上出现了轮廓非常鲜明的白色图案，这些磷光盐从未产生过这样的图像。

简直莫名其妙！事情变得越来越匪夷所思。

贝克勒尔发现，即使完全不经过阳光照射，铀盐也可以像能强烈照射的、明亮的磷光盐一样，透过黑纸正常地在底片上显影。他把几粒铀盐藏在盒子里，把盒子放进箱子里，然后将箱子封得严严的，放在漆黑的房间里。在这样的地方，他想当然地认为不会产生什么磷光现象，然而铀盐仍然对底片有所反应。即使在这种漆黑的地方，铀盐仍继续发出穿透黑纸的不可见射线。随后贝克勒尔又尝试了一种根本不发出磷光的铀盐，但是底片还是呈现出黑色阴影。要知道那只是些没有经过阳光照射的普通物质啊，这样的结果使贝克勒尔进入了死胡同。

一切源于铀

这时，立刻有人出来为贝克勒尔答疑解惑。也许亨利·庞加莱弄错了，磷光与看不见的射线完全无关。可能，这一切都源于铀？要知道那些在底片上都能显影的物质都包含铀。难道是从铀身上发出的不可见射线吗？但是又如何解释沙尔、涅温格洛夫斯基、特罗斯特的实验呢？除此之外，贝克勒尔做第一批实验时，使用的不是铀盐而是其他物质，如何解释这种现象呢？难道这些物质在发出磷光时没产生不可见的射线吗？难道这些物质也不通过黑纸在底片上显影吗？要解开这个疑团，真是太难了！

贝克勒尔暂时放弃了铀盐，然后又重新研究一个月前研究的磷光物质——硫化锌和硫化钙。他在阳光下一次性暴露出几张用黑纸包裹的底片，然后在每张底片上放了一块能产生磷光的物质。晒过之后，让它们显影。

真见鬼！该死！

在任何一张底片上都没有出现黑斑，一点痕迹都没有！贝克勒尔立即重复了一下实验，结果还是相同，底片仍然非常干净。然后，他尝试不使用太阳光，而是使用强烈的人造光来照射晶体。他在这些物质上点燃了镁，产生了令人目眩的伏达电弧光，但仍然无济于事。

为了使晶体发出更强的磷光，贝克勒尔给其中一些晶体加热，并且将其他的晶体在盐冰中冷却。结果它们发出了更强烈的光芒，贝克勒尔很长时间没有见过如此明亮的磷光了，但是它们对底片仍没有任何作用。他求助于特罗斯特，因为这位院士说过，能产生磷光的物质可以完美地替代这些易碎的克鲁克斯管、电池组。令人尊敬的特罗斯特教授很愿意提供帮助。

但是，真丢人！现在连他也没有取得任何成果。

从来没有这样一种发射磷光的铀盐在暗箱中放置了整整一个月后，放射力度仍然毫不减弱，透过黑纸作用在底片上。过去了数周、数月，铀盐被搁置在黑暗的房间里，日日夜夜、毫不间断地发出不可见射线。化学家们熟知的所有铀的化合物都被测试了：氧化物、酸、盐，它们的固态晶体、粉末、液体溶液和熔融状态都得到检验。最后，还测试了纯金属铀。它们全都能毫无障碍地在底片显影，而纯铀可以呈现出最浓重的影像。毋庸置疑，铀及其所有化合物都能发出某种与X射线不同的、特殊的不可见射线，而磷光现象与此毫无关系。

又有一个谜团出现

现在让我们重新回顾一下发现铀射线的整个过程。伦琴在使用克鲁克斯管做实验时发现了不可见的X射线。这些射线产生在稀薄气体携带的电粒子流对克鲁克斯管进行撞击的地方，而在同一地方，一直可以观察到强烈的磷光。

于是亨利·庞加莱提出假设，不仅在克鲁克斯管中可以产生X射线，而且当任何物质发射磷光时，都会产生X射线。

接着几位研究人员匆忙地进行了实验，证实任何磷光物质都能产生X射线。

为了寻找最强的磷光物质，贝克勒尔转向了铀盐。结果发现，X射线和磷光之间实际上没有任何连续，但是发现了一种新射线——铀射线。

当然，现在很难确定，为什么这几位聪明的实验者当时犯了如出一辙的错误。也许他们恰好都使用了质量不合格的底片，又或者他们所有人都偶然地使用了同一种劣质显影剂，再或者是黑纸厚度不够，在强烈的阳光照射下，底片曝光过度，没有发出X射线。又或者含硫的磷光化合物在阳光下加热分解，挥发性的含硫气体在穿过黑纸的缝隙时破坏了底片。也许以上这些原因可能都起过相同的作用。如果实验过程不够仔细，那么各种不愉快的意外事故都是不可避免的，导致研究人员会不知不觉地走错路。

这起初恰恰是沙尔、涅温格洛夫斯基、特罗斯特，以及贝克勒尔犯的错误。当贝克勒尔和特罗斯特进行更准确的实验时，发现磷光物质如果不含铀，根本不会影响底片显影，然而这个错误非常恰到好处地出现了。多亏了它，贝克勒尔发现了"铀射线"，后续才有了更多非凡的发现。

铀射线在许多方面类似于伦琴射线，它们都不可见，都能在底片上显影，都可以使空气导电，但是铀射线不像伦琴射线那样，能畅通无阻地穿过各种障碍物。两种射线都能够穿透包裹在底片外面的那层厚厚的黑纸、薄铝板，但是铀射线无法"穿透"人体、门和薄墙壁，而X射线却可以穿过这些障碍物。

使用伦琴射线可以获得非常有趣的图像。起初在很多地方，X射线都被当作一种有趣的把戏来展示，那是一场多么精彩纷呈的表演呀。

伦琴射线在当时非常流行，甚至富人在举办大型晚会时也会在客厅内安装克鲁克斯管，好让上流社会的名媛们看看自己优雅的骨骼，但是铀射线在这一点上没有那么有效，只有物理学家了解它们，然而从本质上讲，铀射线比X射线要神奇得多。

X射线来自电子微粒对克鲁克斯管玻璃的快速撞击，而铀及其化合物则可以自发地发射不可见射线。

它们没有被光照射，没有被加热，也没有电流通过它们，却经年累月、孜孜不倦地发出某种射线，释放某种能量。

射线的发射过程一分钟也没有停止过，从外观上看，释放出射线的物质没有任何变化。这真是一个令人惊讶，而且让人摸不着头脑的奇迹。今天，我们称这种"奇迹"为放射性现象。

斯克罗多夫斯卡娅的第一批实验

在铀射线被发现的前四年，一位年轻的波兰女孩玛丽亚·斯克罗多夫斯卡娅来到巴黎学习。她来自华沙，当时的波兰还属于俄罗斯帝国统治。斯克罗多夫斯卡娅梦想成为一名科学研究人员，但是在当时的沙皇俄国，女性很难接受高等教育，更别说从事科学研究工作了。这就是斯克罗多夫斯卡娅前往法国巴黎求学的原因。

在那里，斯克罗多夫斯卡娅不得不过着十分艰苦的生活。她当过私人家教，课余时间，她还去巴黎索尔奔纳学院打扫实验室，清洗实验室里的玻璃器皿。斯克罗多夫斯卡娅用这微薄的收入在楼房的第六层租了一间阁楼，她经常一连几个星期只吃干面包。

冬天，她得自己将沉重的煤篮提到楼上给炉子生火。斯克罗多夫斯卡娅的阁楼里简直太冷了，当没有足够的钱来买煤时，洗脸盆里的水都被冻住了，这种情况时常发生，这个年轻的学生不得不把她所有的衣服都堆在毯子上，用各种方式取暖。但是，尽管生活上有种种困难，斯克罗多夫斯卡娅还是取得了优异的成绩，顺利完成了学业。

毕业后不久，斯克罗多夫斯卡娅嫁给了一位法国科学家、物理学教授皮埃尔·居里。到了为自己的第一项独立科学项目选择课题的时候，她与丈夫商议从事铀射线研究。对于一位新手研究人员来说，这无疑是一个困难的课题，其中谜团重重。这里铀射线的性质是什么？它们的强度取决于什么？它们是如何在铀化合物中产生的？能量又从何而来？只有铀本身能产生这种辐射吗？

斯克罗多夫斯卡娅勇敢地踏入了这座科学迷宫。首先，有必要学习快速检测铀射线以及如何准确测量射线强度的方法。

当然，斯克罗多夫斯卡娅可以通过比较底片上各种射线的痕迹、黑点的密度来确定射线何时辐射更强，何时辐射更弱。

使用底片进行研究太麻烦了，在这种情况下不能达到最高的准确率。如果能借助一些物理设备来测量铀射线的强度会好很多，就像用温度计测量温度，用安培表测量电流强度那样。

斯克罗多夫斯卡娅的丈夫皮埃尔·居里亲自为她制造了这种设备。居里使用了一种普通的平面电容器，也就是通过空气将两片金属彼此隔开。下部的金属片由蓄电池充上电，上部的那片金属片和地面连接。在这种形式下，电路通常是断开的，众所周知，空气是不导电的。

但是，如果将铀盐撒在下面那片金属上，电流便立即通过电容器的空气层，因为在铀射线的作用下，空气变成了导电体。射线的流动性越强，空气的导电性就越好，电路中电流的强度就越强。实际上，即便铀盐拥有最强的辐射力，但目前的电流强度不超过1安培的十亿分之几。尽管电流如此弱，但还是可以使用居里制造的特殊设备来进行测量。一旦将待测试的物质放到电容器下面的金属片上，附在金属片上的电流计会立即报告物质是否在发射铀射线，同时还可以精确地测量出这种射线的辐射强度。

斯克罗多夫斯卡娅得到这种方便的设备后，便立即开始着手寻找其他可能像铀一样能自动发射不可见射线的物质，她从许多地方收集了各种各样的化学物。

在一所实验室，斯克罗多夫斯卡娅得到了所有已知元素的纯净盐类和氧化物，在另一所实验室，她得到了几种稀有的金属盐类，这些稀有金属盐比黄金贵得多。矿物博物馆又送给她许多从世界各地收集来的矿物标本。她将所有这些物质放置在电容器片上，并关注电流计的读数。

斯克罗多夫斯卡娅长时间以来并不走运，因为尽管在电容板上的数十种不同的物质已经发生了变化，但是电流计的指针始终没有改变位置，然而斯克罗多夫斯卡娅仍坚持不懈地测试她所收集的样品，最后，她终于等到了电流计的信号。有一天指针终于偏离了零，在这一时刻，金属片上撒着的是化合物钍金属的化合物。这是她的第一次胜利！

原来，不仅铀能发出不可见的射线，钍及其化合物也能发出射线。那别的物质，譬如，铁、铅、锰、碳、磷的化合物呢？世界上其他的数不胜数的物质，是否都能够发出这种射线？不是所有化合物都能产生不可见射线，居里的电流计给出了完全否定的答案。

于是斯克罗多夫斯卡娅再次转回来研究铀化合物。她测量了铀本身的辐射强度，又测量了氧化物、盐、酸以及种种含铀矿物的辐射强度，它们都能以不同的强度提高空气的导电率，有些物质也许强些，有些也许弱些，这完全取决于物质中所含铀的质量。

如果物质中包含着50%的铀，那么它的辐射率是100%纯铀物质辐射强度的一半。铀含量为25%的物质辐射强度是100%纯铀物质辐射强度的1/4，依此类推。

所有铀化合物均严格遵循这一规律，包括所有氧化物、盐、酸以及铀在内的矿物质，它们都能发出比铀金属更弱的射线。那是否存在着辐射强度超过纯铀的化合物？显然没有！因为不可能存在着一种含铀量超过百分之百的物质。

不过，如果将两种铀矿物质——沥青铀矿和铜铀矿放在电容器下面的金属板上，它们的表现异常奇怪，因为这两种矿物在电路中产生的电流比铀本身大得多！这怎么可能？这些矿物质中难

205

道还藏有其他放射性元素吗？但是是什么样的元素呢？要知道，除了铀和钍外，几乎没有任何元素会发出射线了，而钍射线的强度与铀射线相差不大。

为了测试这种元素，斯克罗多夫斯卡娅决定通过人工方法获得铜铀矿物，她在实验室中用化合物制备了铜铀。人造矿物的成分与天然矿物的成分丝毫不差，人造矿物所含的铀量与天然铜铀矿中的含铀量完全相同。

然而，如果将人造物质制成粉末倒在电容板上，结果会发现它的辐射强度是天然矿物的辐射强度的18%。这意味着在天然铜铀矿和沥青铀矿中确实存在一种活性杂质，这是一种活性超过铀的杂质，而且还可能比铀高很多倍呢！

事情发生了如此大的转折，以至于皮埃尔·居里都认为有必要放下自己的科学研究工作，积极参与到妻子的研究中来。

钋和镭

居里夫妇在一块沥青铀矿中追捕这种难以捉摸的"东西"，就像执着的猎人在无尽的针叶林中追捕稀有动物一样。他们拥有研究人员的直觉，加上居里仪器上的读数，能够摸索着前行。他们从事的研究与本生的研究大同小异，当年本生是从杜尔汗矿泉水中提取蓝色物质。不同之处在于：对于本生来说，蓝色的光谱线是引导线，而对于居里夫妇来说，引导线则是由未知物质发出的不可见射线。

皮埃尔和玛丽亚决定宣布结果的这一天终于到来了！"的确，这种'东西'是存在的，并且已经在我们手中了。"居里夫妇给这种物质取了个名字，尽管那时他们所捕捉的东西仍然只是一个苍白的影子，一种未知物质的微弱回声。

居里夫妇一步步地将这种杂质和沥青铀矿中包含的所有其他元素分离开来。让我们举一个简单的例子来说明他们是如何做到的。

假如你将一袋盐撒在一条沙路上，盐和沙子混合在一起了。你如何将它们分开？答案是，将混合物放入水中加热。结果盐会溶解，沙子会保留下来，然后用薄纱布过滤溶液，并将溶液蒸发，你将再次得到脱离了沙子的纯净盐。当化学家需要从多种物质的化合物，或者几种化合物的混合物中分离出一种纯净形式的物质时，也会做类似的事情，只是在这种情况下，分离路径更加曲折，操作也更加复杂。

化学家分别将化合物或混合物溶解于酸、碱、水中，然后过滤掉沉淀物，接着又将沉淀物溶解在酸中，再将水从溶液中蒸发，这样化学家依次分离出几种成分，剩下的物质会变得越来越浓，最后，连杂质也被分离出来了，剩下的物质，百分之百是他们所需要的化学纯净物。

这样，居里夫妇就从沥青铀矿中提取了神秘物质，中间过程非常困难，因为这种物质的含量很少，而且没人知道它具有什么属性。居里夫妇只知道一件事：未知物质可能发出很强的射线。于是他们就根据这唯一的线索进行搜索。

他们将矿石溶解在酸中，并使硫化氢气体通过该溶液，从溶液中沉淀出深色的含硫金属。最初存在于矿石中的所有铅、铜、砷、铋等一切元素都进入了沉积物中。矿石中的铀、钍、钡和其他成分都保留在透明溶液中。那未知物质呢？它去了哪里？是与那些已沉淀的元素混在一起了，还是留在溶液中呢，还是与其他元素混合在一起呢?

居里将沉淀物和溶液放在电容器上,从沉积物产生了更强的射线。这意味着有活性物质包含在沉淀物中,因此有必要去那里面寻找未知物质。居里逐渐分离出所有其他的杂质,并获得了一份物质,这种物质的辐射强度是铀的四百倍,而且含有大量大家熟知的金属——铋,以及一种可忽略不计的未知物质。

居里夫妇尚未成功将未知物质与铋完全分离,但现在毫无疑问,有朝一日会做到这一点。

在1898年7月,居里夫妇向法国科学院寄送了一份研究报告。他们声称发现了一种类似于铋的新元素,这种元素能自发放射出异常强大的不可见射线。

他们写道:"如果这一点得到证实,那么将这种新元素命名为钋,以用来纪念玛丽亚·斯克罗多夫斯卡娅的祖国(钋在法语中的意思是波兰)。"

五个月过后,居里夫妇在科学院又宣读了新的报告。

他们在焦油矿石中发现了另一种未知元素,这种元素能发出更强的铀射线。就化学性质而言,这种新元素与金属钡非常相似。已经得到的那部分新物质能放射出比纯金属铀强九百倍的射线,居里称这种新的放射性元素为镭,拉丁语意思为"射线"。

大海捞针

这样，居里夫妇一起合作发现了两种新的化学元素，对于年轻的研究人员而言，这是一个不错的开端！但实际上到目前为止，他们还没有获得纯净的元素，获得的只是它们与铋和钡的微量混合物，他们仍然需要将它们的纯净形式分离出来。事实证明，这比在巨大干草堆中寻找丢失的小针头要困难得多。

然而将镭从钡里分离出来，比从铋里分离出钋更容易。因此，居里夫妇决定从镭着手，可是他们现有的沥青矿石很少。为了采集可观数量的新元素，至少需要1吨矿石，然而这需要钱，但居里没有钱：他们是自费研究，国家并没有为他们的研究提供任何资助。

在当时奥地利的优稀姆斯塔尔矿中可以开采沥青铀矿。在那里，人们仅从矿石中提取了铀，其余的残留物全被扔掉了。同时，所有镭和钋应该都被保留在这种废弃物中了。居里夫妇向奥地利科学院求助。奥地利政府非常慷慨，同意向这对法国科学家免费提供1吨无用的废弃物。现在原材料足够了，还需要场所对这些物质进行处理。在皮埃尔·居里教书的理化学院的院子里，有一处废弃的旧谷仓。校长很慷慨地允许居里夫妇在这个谷仓里进行研究。

玛丽亚·斯克罗多夫斯卡娅在那里工作了整整两年。本生曾经请求一家设备齐全的大型工厂在六个星期内代为完成的工作，现在居里夫人独自一人在"实验室"的谷仓里英勇地完成了。她既没有机器，也没有大锅炉和设备可供使用，有的只是玻璃杯、烧瓶和曲颈瓶，还有自己的双手，再也没有其他的工具了。

在长达两年的时间里，她溶解了矿石，蒸发了溶液，从溶液中沉淀出晶体，用虹吸管吸出液体，接着过滤出沉淀物，然后再次溶解，再次使晶体沉淀，然后连续数小时用金属棒搅拌珍贵的液体。

居里夫人努力工作，毫无怨言地处理各种肮脏的物质，充满激情地朝着一个伟大的目标迈进。在发现镭的前一年，她的女儿伊纶①出生了，人们经常带女儿来看她。玛丽亚·斯克罗多夫斯卡娅的一生都是在成堆的蒸馏水瓶和湿晶体旁度过的。

居里夫妇将未知元素一粒一粒地从矿石中捕获出来，很快，

①许多年后，在1934年，即母亲去世的那一年，伊纶·居里发现了物质的人工放射性现象，获得了诺贝尔化学奖，从而使居里的名字第二次永垂青史。——译者注

他们就已经拥有了放射性比铀强5 000倍的新物质，而且在镭与钡的混合物中，镭积累得越多，制剂的放射性就越强：它增至10 000，50 000，100 000倍……当最终获得完全纯净的镭时，发现它的放射性是铀的几百万倍，可是一整吨铀矿石仅含有0.3克镭。

科学上的革命

镭射线与铀射线的属性大致相同，差异仅在于辐射的强度和密度，如果放大一百万倍的话，整个画面就改变了。

假如有人用手温柔地抚摸你们的头部，你们会感觉到那只手的压力是轻抚，但是如果压力增加一百万倍，则足以将一个人压成一块肉饼。这就是数量带来的差异！镭制剂的每块小晶体都能发出完整的能量流。

使用铀射线需要花费数小时才能在底片上得到影像，而镭射线瞬间就能呈现出来。磷光屏在它们射线的撞击下能发出明亮的光，效果不亚于伦琴射线。

此外，镭射线还可以使那些平常不能发射冷光的物质产生磷光现象。居里夫妇晚上在板棚里就能够观察到，处于强烈的辐射路径上的玻璃、纸张、衣服和其他物质如何发光。

强镭晶体自身也能发出强烈的光芒，借它们的光可以读书。它们还释放热量，每克镭在一小时内放射约140卡的热量。此外，它们对人体也有影响。皮埃尔·居里亲自试验了一下，他曾将手放在镭的无形射线下辐射了几小时，手上形成了像灼伤一样的溃疡。当居里夫妇拿出一份有关新元素特性的报告时，起初并没有人愿意相信他们。他们的话可以被相信吗？在没有外界的任何能量供应下，镭会一刻不停地释放出大量的光、热和强烈的不可见射线。

这些都是从哪里来的？难道能在整个宇宙中完美运行的能量守恒定律，在巴黎理化学院这座不起眼的老建筑中失效了？这太不可思议了，完全与全人类百年的经验背道而驰。

然而事实就是事实，在巴黎居里的实验室里存放着的几小片镭，日日夜夜散发着来历不明的射线。这能量不知从何而来！科学的基础被动摇了。

世界上数十名最优秀的研究人员立即对放射性物质进行研究。

在伦敦、纽约、柏林、彼得斯堡、蒙特利尔、维也纳，这些放射物质被疯狂地研究，科学家们试图解开物质自发释放能量的谜题。所以在很短的时间内，就涌现了许多惊人的新发现。

原来镭可以发射出三种不可见的射线。根据希腊字母顺序，它们依次被命名为阿尔法（α）、贝塔（β）和伽玛（γ）。伽玛射线与伦琴射线相似，它还类似于普通的可见光线，只是波长与它们不同，而阿尔法和贝塔射线则由带电的物质粒子组成。镭不仅会自发释放能量，同时还在进行自我毁灭。然而镭的毁灭速度非常缓慢，经过大约一千六百年，每克镭才会减少一半。但是原则上，并没有改变这样的一种重要事实，这种元素的构成物质在毁灭着，毁灭的过程中会释放出能量。

很快人们发现，镭在毁灭时会变成铅和氦，但是氦是一种元素，铅也是元素。由此可见，一种元素真的能够转换成另一种元素！几个世纪以来，人们认为中世纪无知的炼金术士说的那些怪诞不经的观点如今已变成了一成不变的科学真理。

许多科学家和一般受过教育的人都拒绝接受这一切。在他们看来，如果新发现被认为是正确的，那么早先积累的所有知识将失去意义。永恒不变的物质毁灭了，世代以来被认为不会发生变化的元素能够发生转化，从一种形式转化为另一种形式，被认为是不可分割和坚不可摧的原子可以分解为更小的成分——α和β粒子，而且这些物质的粒子还都带有电荷，自此产生了一片慌乱。

但是，先进的科学工作者不会揪住过时的观点不放，他们坚定不移地前进，力求在被推翻的理论的废墟上，创立一门更强大的新科学，这门科学将能更全面地解释物质和能量的所有转化，使人类具备更强大的力量来征服自然。

后记

在伟大元素发现者的行列中，居里夫妇是最后两位元素的寻找者。的确，在钋和镭之后又发现了几种稀有元素，这些元素与在元素周期表中的相邻元素类似，但是这些新发现人们已经不觉得新鲜了。

今天，除了两三个不重要的空格外，整个门捷列夫元素周期表基本上被填满了。现在我们知道在世界上大约存在着九十二种元素。

化学家们模仿自然，而且经常超越自然，用这些元素创造出数以万计甚至数以千万计的多种多样的复杂物质。

但是，对于当今的科学而言，元素已经不再是物质进行分解的极限。自从居里的伟大发现以来，我们清楚地知道，化学可以进一步向前发展，元素本身可以再分解，可是能分解成什么呢？可以分解成原始物质，即构成所有元素原子的带电微粒。

还记得门捷列夫是如何证明所有元素之间存在的亲缘关系的

吗？当时人们还不知道产生这种亲缘关系的原因。现在原因已经很明了了。

事实证明，所有元素的原子——最轻的氢、"懒惰"的氩、"烈性"的钠、"高贵"的金、有放射性的镭——毫无例外地都是由统一的微小粒子构成的。这些粒子被称为质子、中子、电子。质子和中子形成所有化学元素的原子核，电子围绕着原子核，形成几层带电的电子壳。

当今的研究者们知道如何从原子中"切割"出这些原始粒子，甚至还用它们创造出新的组合。由此，可以将一种元素人工地转化为另一种元素。譬如，物理学家用氮来制造氢，将铝制成碳，用汞来制造出黄金。诚然，他们暂时不知道如何制造出大量的人工元素。十亿分之几克是目前元素分解和转化中能够适当提取的"部分"。

但要知道这仅仅是个开始，开启大自然王国的钥匙现在掌握在我们手中。也许在不久的将来，我们能够把任何一种黏土随意制造成某种元素或复合物质。在伟大的社会主义国家，一门强大的新科学正在诞生，但我们还需要了解过去的科学家们在工作中经历的困难和遇到的障碍。

在我们国家，科学人员并不需要像以前卡尔·舍勒那样，将最好的时光用来为店主做肮脏的工作，也不用像汉弗莱·戴维一样，被游手好闲的富人所包围，再或者像德米特里·伊万诺维奇·门捷列夫那样，被冷酷无情的官员所束缚，还不必像居里夫妇那样，需要乞求别人施舍旧仓库来从事科研工作。这个社会主义国家正在为科学家们建造巨大的学院机构、精良的实验室。在我们国家不再有孤独的英雄，而是有成千上万由人民提名的有才华的研究人员组成的科研团队，他们正在为了解自然的秘密和征服自然进行斗争。明天的科学成果和共产主义社会的科学成就将远远超过以前人类取得的成果。人类认识自然，对物质和能量的掌握程度是不可限量的！

在喧嚣的世界里，

坚持以匠人心态认认真真打磨每一本书，

坚持为读者提供

有用、有趣、有品位、有价值的阅读。

愿我们在阅读中相知相遇，在阅读中成长蜕变！

好读，只为优质阅读。

给孩子讲元素的故事

策划出品：好读文化　　　　产品经理：姜晴川

监　　制：姚常伟　　　　　装帧设计：仙　境

责任编辑：王黛君　宋嘉婧　内文制作：尚春苓

责任校对：张吲哚

图书在版编目（CIP）数据

给孩子讲元素的故事 /（苏）依·尼查叶夫著；宫清清译. — 北京：科学技术文献出版社，2022.5

ISBN 978-7-5189-8436-7

Ⅰ.①给… Ⅱ.①依… ②宫… Ⅲ.①化学元素—儿童读物 Ⅳ.①O611-49

中国版本图书馆CIP数据核字（2021）第199124号

给孩子讲元素的故事

责任编辑：王黛君　宋嘉婧	责任校对：张吲哚	责任出版：张志平

出　版　者	科学技术文献出版社
地　　　址	北京市复兴路 15 号　邮编 100038
编　务　部	（010）58882938，58882087（传真）
发　行　部	（010）58882868，58882870（传真）
邮　购　部	（010）58882873
销　售　部	（010）82069336
官 方 网 址	www.stdp.com.cn
发　行　者	科学技术文献出版社发行　全国各地新华书店经销
印　制　者	嘉业印刷（天津）有限公司
版　　　次	2022 年 5 月第 1 版　2022 年 5 月第 1 次印刷
开　　　本	840×1194　1/32
字　　　数	140 千
印　　　张	7.5
书　　　号	ISBN 978-7-5189-8436-7
定　　　价	49.80 元